내 수첩속의 메모

내 수첩 속의 메모

초판 1쇄 인쇄 2013년 10월 14일
초판 1쇄 발행 2013년 10월 24일

지은이 윤용남
펴낸이 김혜라
편집 김태혁 이성희
디자인 문명국 김수현 김빛나래
펴낸곳 상상미디어
주 소 서울 마포구 용강동 50-1 용현빌딩 408호
등 록 제 312-1998-065
전 화 02.313.6571~2 | 02.6212.5134
팩 스 02.313.6570
홈페이지 www.상상미디어.com

ISBN 978-89-88738-70-2

이 도서의 국립중앙도서관 출판시도서목록(CIP)은 서지정보유통지원시스템 홈페이지(http://seoji.nl.go.kr)와 국가자료공동목록시스템(http://www.nl.go.kr/kolisnet)에서 이용하실 수 있습니다.(CIP제어번호: CIP2013012576)

상상미디어는 좋은 책을 만듭니다.

내 수첩 속의

메모

윤용남 (前 육군참모총장·합참의장) 엮음

상상미디어

책을 내며 · 8

Ⅰ. 국가안보

국가 · 14
국가란 무엇인가? · 14 | 국가의 사명 · 15
국가의 목표, 정책, 전략 · 16 | 국가안보 · 16 | 국가 생존과 발전 · 19

부국강병 · 21
국가의 힘(국력) · 21 | 경제와 안보 · 24 | 부富와의 전쟁 · 25

국민정신 · 27
국민정신과 의지 · 27 | 애국심 · 31 | 상무정신과 국방의식 · 33
전쟁과 국민 · 35

이념전쟁 · 37
이념 · 37 | 자유민주주의 · 38 | 좌파와 공산주의 · 40
남 · 북한대결 · 48

흥망성쇠 · 56
흥망성쇠요인 · 56 | 역사의 반추反芻 · 58
지도층의 노블레스 오블리주noblesse oblige · 62 | 외세의존 · 64
감상적인 평화주의 · 65 | 망국의 원인 · 68

정의로운 사회 · 73

품위있는 나라 · 73 | 우리가 추구하는 사회 · 74
새 공동체사회 조성 · 75 | 건전한 공동체 유지와 법치 · 75

지도자와 리더십 · 79

리더십 · 79 | 지도자의 자질 · 82 | 지도자의 책임과 의무, 역할 · 87
인물평가와 적재적소 · 92 | 수신 · 95

II. 국방

국가와 국방 · 100

국방 · 100 | 군의 사명 · 101 | 군인 · 102 | 군사문화 · 104

자주국방과 군사력 · 105

자주국방 · 105 | 군사력(자위력) · 108

강군육성 · 111

정예강군 · 111 | 교육훈련 · 117 | 개혁 · 123 | 군구조개선 · 125
군사력 건설 · 128 | 국방비 · 129 | 군복무 · 130

응징보복 · 132

Ⅲ. 전쟁

전쟁의 본질 · 136
전쟁수행 요소 · 141
피 ·아 능력 비교 · 141 | 정보 · 142 | 지형과 기상 · 145
정신전력 · 148 | 물리적 전투력 · 163 |계획 · 164 | 지휘통솔 · 168

전쟁원칙 · 202
개요 · 202 | 목표의 원칙 · 206 | 공세의 원칙 · 206
주도권의 원칙 · 207 | 기만과 기습의 원칙 · 208
집중과 분산의 원칙 · 211 | 기동의 원칙 · 213 | 중심의 원칙 · 216
통일의 원칙 · 216 | 간명의 원칙 · 217 | 기타 · 217

전쟁양상과 전법 · 219
전쟁양상 · 219 | 전법개념 · 223 | 전법 · 227
군사전략 · 247

작전술 · 253

전술과 전투 · 255

개념 ·*255* | 전투준비 ·*261* | 공격 ·*263* | 방어 ·*268*
후퇴, 추격, 전과확대 ·*270* | 군수지원 ·*271* | 민사작전 ·*272*
지상, 해상, 공중 연합작전 ·*272*

승리와 패배 · 274

Ⅳ. 정치와 군

정치와 군 · 282

Ⅴ. 전쟁과 언론

전쟁과 언론 · 290

책을
내며

내가 열한 살 되던 해 6·25 남침전쟁이 발발하였다. 어린 나이에 직접 목격한 전쟁의 비참함과 아픔은 이루 말할 수 없었다. 고향을 떠나 피난살이를 했던 우리 가족에게도 전쟁은 가난과 시련과 절망을 안겨주었다.

전쟁은 가장 무서운 재앙이었다. 우리나라가 침략당하지 않도록, 그리고 전쟁에서 이길 수 있도록 강한 군대를 가진 나라가 되어야겠구나 하는 생각이 어린 나이에도 많이 들었다.

전쟁 기간 중 내가 다니던 초등학교가 군인들을 훈련시키는 곳으로 사용되었는데 장교들의 절도있고 당당한 모습이 그렇게 멋져 보일 수 없었다. 먼 발치서 매일 바라보며 이 다음에 크면 장교가 되어야지 하는 꿈을 갖게 되었다.

1959년 1월 15일과 1963년 2월 25일은 내 인생에서 가장 의미있고 기억에 남는 날이다. 1959년 1월 15일은 청운의 뜻을 품고 장교가 되고자 육군사관학교에 입교한 날이었고, 1963년 2월 25일은 청년 장교로서 군생활을 처음 시작한 날이기 때문이다. 처음 군생활의 시작은 최전방 DMZ 내 GP장(수색중대소대장)이었다. 그 운명같은 인연은 계속 이어져 군 생활을 하는 동안 한 제대도 빠지지 않고 전부 DMZ, GOP지역에서 지휘관 생활을 하였다.

늘 가까운 거리에서 적을 쳐다 보면서 '어떻게 하면 강한 군대를 만들어 내 조국을 튼튼히 지킬까?', '내 자신이 부끄럽지 않은 대한민국의 군인다운 군인이 될 수 있을까?' 많은 고민을 하고 노력을 했다.

훌륭한 군 선배님들의 말씀과 안보와 병법에 관련된 많은 책을 읽으면서 금과옥조와 같은 명언과 명구절들을 수첩에 적어 놓고 가슴에 새기면서 나를 추스르고 바로 세우는 지표로 삼았다. 그대로 따르며 실천하려고 노력하였으나 온전히 그대로는 되지 않은 듯하다. 하지만 후회는 없다.

이 책은 초급장교 시절부터 육군참모총장과 합참의장 재임시까지 군에 몸 담고 있는 동안 내가 수첩에 직접 쓴, 국가와 안보, 국방과 전쟁에 관한 기록들과 전역 후 강의나 원고를 기고하면서 모아둔 자료들을 엮은 것이다. 국가안보와 국방에 관련해서는 역사를 통한 진리를, 전쟁과 병법에 관련해서는 기록으로 남겨진 동서양의 유명한 병서 내용 중 현재와 미래전에서도 적용할 수 있는 불변의 진리들만 따로 추출해 모아 보았다. 오랜기록들이라 말한 사람을 알 수 없는 내용도 있다. 그때그때 적어 놓았던 나의 생각도 포함되어 있다. 물론 주관적일 수도 있고 은퇴한 노 군인의 판에 박힌 잔소리 일 수도 있다.

전쟁에서의 패배가 얼마나 비참한지를 느끼지 못하고 번영에 젖어 나라의 생존을 등한시하고 정쟁으로 국론이 분열되고 있는 현 상황에서 군의 후배들이 대한민국을 지키고 이끌어 가는 훌륭한 리더가 되었으면 하는 마음과 국민들의 애국심을 고취시키기 위해 이 책을 발간하게 되었다.

켜켜이 먼지 쌓인 수 십년된 수첩 속 메모들을 정리하는 데 도움을 준 상상미디어 김혜라 대표에게 감사드리며 지난날 살아온 나의 삶을 한 편의 시로 표현하는 것으로 머리글을 갈음한다.

석양의 종소리

저 멀리 붉은 저녁 노을에 들려오는 종소리!
너는 정말 지난 많은 일들을 생각나게 하는구나.
젊은 시절 조국을 지켰던 일들이 잔잔한 미소와 함께
내 마음을 평안하게 해주는구나!
저 멀리 붉은 저녁 노을에 들려오는 종소리!
내 언젠가는 그 아름다운 선율의 종소리를
들을 수 없게 될지라도
조국을 지켰던 것이 가장 보람있고 자랑스러웠다고 생각한
사람이 있었다는 것을 전해주었으면 하네!

2013년 10월
가을의 풍광이 내려다 보이는 서재에서 윤용남

국가

부국강병

이념전쟁 국민정신

흥망성쇠

정의로운 사회

지도자와 리더십

I
국가안보

국가

국가란 무엇인가?

국가란 인간공동체가 가지는 정치기구이다. 이 정치기구는 질서와 안전을 위해 정당한 물리적 폭력행사를 독점한다. −막스 베버(Max Weber)−

국가는 영토와 국민, 법률로 구성되어 있고 그 가운데 영속성을 지닌 유일한 부분은 오로지 영토 뿐이다. −에이브라함 링컨(Abraham Lincoln)−

국가는 영토라는 지리적 경계를 가지고 있으며 사법권의 대상이 되고 주권을 보유한다는 점에서 다른 사회조직과 구별된다. 대체로 국가는 법이라는 수단에 의거하여 분쟁을 해결하려는 개인들의 합의로 이루어진다.
−브리태니커 사전−

주권국가는 상주인구, 확장된 영토, 통치권 행사 및 타국과의 관계를 가질 수 있는 능력을 갖추어야 한다. 국가는 인간이 만든 조직 중에서 가장전면적이고 다목적, 다기능적이며 인간생활의 상당부분을 망라할 수 있다. 국가의 성격은 주권이라는 말로 대변되기도 한다. −이승곤−

민족국가(국민국가)를 결정하는 것은 인종도 언어도 아니다. 사람들은 사상, 이해관계, 애정, 추억, 희망을 통해 하나의 공동체를 이룰 때 그들과함께 한다는 것을 마음속으로 느낀다. 그것이 바로 조국이다. 사람들이함께 전진하고, 함께 일하며, 함께 싸우고, 함께 살기를 원하고 때로는 서로를 위해 죽음을 불사하기도 하는 이유가 바로 거기에 있다. 조국, 그것은 사람들이 좋아하는 것, 사랑하는 것이다.   *-에르네스르 르망-*

국가가 보다 정의롭고 이상적인 국가가 되려면 경제적인 국부의 창출, 튼튼한 국방과 치안을 통해 보다 안전하고 잘 사는 나라, 국민과 소통하는 민주적인 나라, 그리고 더 나아가 신뢰받고 성숙한 공동체를 구현해야 한다.   *-권기현-*

국가는 개인들을 보호하기 위해 만든 현명한 모임이다.
    -프리드리히 니체-

국민의 국민에 의한 국민을 위한 정부는 지상에서 영원히 사라지지 않을 것이다.   *-에이브라함 링컨(Abraham Lincoln)-*

국가의 사명
국가의 제일 첫 사명은 국가와 국민의 안위를 지키는 것이다.

자국민의 생명과 재산을 제대로 보호해 주지 못하는 국가와 정부는 이미 국가와 정부로서의 가치를 상실한 것이다.

인간이란 존재는 자신을 지켜주지도 못하고 자신의 잘못을 질책하지도 못하는 사람을 위해서는 충성을 하지 않는다. *-마키아벨리(Machiavelli)-*

국가는 국민의 생명과 재산에 문제가 생겼을 때 해결해 주고 국민이 배고프면 먹여주어야 한다. 납치되면 구해오고 어쩔 수 없이 죽으면 원한이라도 풀어주는 그런 해결사가 국가가 아닐까? 국민이 아무리 멀리 떨어져 있어도 해결해주는 게 국가다.   *-김진-*

어린 자식의 생명을 지켜주지 않은 나라의 훈장은 의미가 없다. 이것은 대한민국 국민을 그만두겠다는 일종의 사표이다.

-1999 씨랜드 화재참사때 아들을 잃은 前 여자하키 국가대표 선수-

국가의 목표, 정책, 전략

국가 목표는 국가 이익을 현실화하기 위한 구체적인 제시이며 국가정책, 국가 전략 수립에 방향과 지향점을 제시한다.

국가 이익이란 국가의 생존과 번영 등 국가 존립과 발전에 없어서는 안될 사활적 요소를 말한다.

국가정책이란 국가 목표달성을 위한 국가의 행동원칙 및 행동방침으로서 이러한 국가정책의 근원은 그 나라의 독특한 역사적 배경, 정치제도, 전통, 경제적 욕구, 권력, 지리적 환경, 그 민족의 독특한 기본적 가치체계를 기초로 하고 있다. *-이종학-*

국가전략이란 국가 목표를 달성하고 국가 이익을 극대화하기 위해 가용한 국가 자산을 어떻게 사용할 것인가에 대한 계획 및 방법이다.

국가의 전략과 관계되는 주요 사항에 대해서는 전 국민적 합의가 있어야 국가의 단결이 유지될 수 있고 젊은 세대에게 무엇을 위해 싸울 것인가를 설명하기 쉽다. *-시프(이스라엘 기자)-*

국가안보

국가안보란 국내외로부터의 위협과 침략을 방지하고 최소화하기 위하여 독립국가가 추구하는 정치적, 경제적, 사회적, 군사적 제반 국가 행동과 능력을 말한다.

안보란 우려, 불안, 걱정, 근심 혹은 위험으로부터의 자유와 안전을 뜻한다. 국내외로부터 기인하는 직·간접적 군사, 비군사적 위험을 억제, 방지, 배제하고 유사시 적절히 대응하여 국가와 국가가 추구하는 정치, 외교, 사회, 문화, 경제, 과학기술 등의 가치를 보전하고 향상시키는 것을 의미한다.

국가는 스스로의 존립을 안전하게 유지하는데 최우선을 두어야 한다. 존립에 대한 위협은 주권이나 독립에 대한 도전이나 영토의 침해, 위협 등이 전형적인 사례이다. 상호협력, 평화유지, 우호친선 등의 명분도 존립을 위협받는 국민에게는 의미없는 구호에 불과하다. 존립의 위협에 대한 국가의 반응은 흔히 전쟁이라는 수단에 호소한다. 인류 역사상 많은 전쟁은 국가 자신의 안전보장이라는 이름아래 치러졌다. 엄청난 예산으로 거대한 국방체제를 형성 유지하고 수많은 젊은이들에게 유사시 목숨을 내건 충성심을 강조하는 것도 국가의 안전보장 때문이다. *—이승곤—*

국가안보의 목표는 한반도의 안정과 평화유지, 국민안전 보장 및 국가 번영 기반 구축, 국제적 역량 및 위상제고이다.

대통령은 필요하다고 인정할 때에는 외교·국방·통일 기타 국가안위에 관한 중요정책을 국민투표에 붙일 수 있다. *—헌법 제72조—*

외침으로부터 국토와 국민의 생명과 재산 그리고 국가 주권을 지켜주는 강력한 안보능력이 없다면 그것은 국가라고 할 수 없다. 국가안보 없이는 자유도 복지도 평화와 번영도 없다.

하는 일에 조국의 존망이 걸려 있을 때는 그 수단이 옳은지, 그른지, 관대한지, 잔혹한지, 칭찬받을만한지, 수치스럽다든지 하는 것 따위는 일체고려할 필요가 없다. 무엇보다도 우선되어야 할 점은 조국의 안전과 자유를 유지하는 것이다.

-마키아벨리(Machiavelli)-

외부의 위험으로부터 안전을 보장하는 것이 국가 행위의 지상명제이며 필요하다면 안전보장상의 요청에 따라 자유까지도 양보하지 않으면 안 된다.

-알렉산더 해밀턴(Alexander Hamilton)-

성문법을 엄격히 준수하는 것이 시민의 고귀한 의무 중의 하나임을 의심할 바 없지만 그것이 가장 고귀한 것은 아니다. 조국이 위기에 처했을 때 이를 지켜내는 것이 더 고귀한 의무이다.

-토머스 제퍼슨(Thomas Jefferson)-

나라를 지키는데 있어서는 차선책이란 있을 수 없다.

민족이 국가보다 우선할 수 없으며 불안한 민족공조보다 동맹공조가 우선되어야 한다.

적의 말을 믿는 바보는 3족을 멸해야 한다.

-德川家康-

동맹이나 우방이란 안전보장상 전략적 이해와 가치관을 공유하는 관계를 말한다.

국가안보 환경에 부정적 영향을 미치고 있는 내부적 요소는 계속되는 이념 갈등과 국론분열, 빈부격차와 계층간의 단절, 부정부패이다.

-이성우-

나라의 안전을 위하는 길은 무엇보다도 미리 적을 경계하는 것이 상책이다.

-오자吳子-

방심, 태만, 안심은 모든 재앙의 근본이다.   *-손자孫子-*

독립국가의 독자적인 안보전략을 위해서는 독립된 정보수집체계가 필요하다. 나라마다 필요한 정보가 다르기 때문에 정보판단을 외국에 의존할 수도, 의존해서도 안된다.   *-라빈(Yitzhak Rabin)이스라엘 수상-*

이스라엘의 운명을 UN이나 IAEA(국제원자력기구)의 손에 맡겨 놓을 순 없다. 시간이 없다. 원자로에 핵연료가 장전되기 전에 때려야 한다.   *-올메르트(Ehud Olmert)이스라엘 수상-*

국가 생존과 발전

역사는 인간과 그 집단의 생존과 번영을 위한 투쟁의 발자취이다.   *-이강호-*

생존은 스스로 지키고자 하는 강한 의지와 힘이 있어야만 보장된다. 우리의 생명은 우리가 지켜야지 우리의 생명을 누구에게 맡길 것이며 누구에게 우리의 생명을 지켜달라고 애원할 것인가?   *-윤용남-*

국가의 존엄과 생존, 국민의 자유를 위해 자신의 모든 것을 던질 수 있는 나라인가?

동정을 받으며 죽거나, 미움을 받으며 살거나 이 둘 중 하나를 택해야 한다면 나는 미움을 받고도 살겠다. 생존의 문제에는 타협이 있을 수 없다.   *-골다 메이어(Golda Meir)-*

민족의 영광은 싸워서 쟁취하는 것이다. 이스라엘의 기습공격은 전 세계의 모든 사람을 즐겁게 하기 위한 것이 아니다.

아랍은 전쟁에 져도 나라는 남아 있지만 우리는 전쟁에서 패하면 그것으로 끝장이다.   *-벤구리온(David Ben-Gurion)-*

강력한 인접 국가들로 둘러싸인 나라에서는 능률적인 중앙정부와 강한 군대가 다른 모든 국내 사항에 우선해야 한다.

-클라우제비츠(Clausewitz)-

국가의 생존을 위한 국가 전략은 국제사회의 변화에 적극적으로 대처하는 방향으로 수립되어야 하며 그 노력은 국가 이익을 먼저 생각하는 전략적 사고에서 출발해야 한다.   *-장학근-*

국가의 이익과 합치될 때 행동하고 국익에 위배될 때는 행동을 멈추어야 한다. 감정으로 행동해서는 안된다.   *-손자병법 제12편 화공火攻-*

이 세상에는 영원한 우방도 없으며 또한 영원한 적도 없다. 다만 영원한 국가 이익만이 있을 뿐이다.   *-파머스턴(H. T. Palmerston)-*

국가의 속성은 스스로 변하고 발전되어야 한다. 그러나 외부세력의 영향에 의해 우리의 속성이 좌지우지된다면 어떠한 속성도 영구적이고 독특한 형태를 갖지 못할 것이며 어떠한 업적도 달성될 수 없을 것이다.

-무스타파 케말(Mustafa Kemal)-

문명국이 된다는 것은 세계 공동체의 일원이 된다는 뜻이다.

-윌 듀런트(Will Durant)-

국제 여론의 경시나 무시는 국제적 고립을 자초하고 고립은 발전을 저해한다.
-이승곤-

부국강병

국가의 힘(국력)

국력은 국토와 인구, 경제력, 군사력과 전략과 국민의지를 말한다.

$$P=(C+E+M)\times(S+W)$$
-레이 클린(Ray S. Cline)-

힘이 없는 민족은 힘센 나라에 짓밟히는 것이 역사의 진리이다.

힘이 따르지 않는 문화는 내일이라도 사멸할 수 있다는 것을 알아야 한다.
-처칠(Winston S. Churchill)-

국가라는 하나의 공동체가 독립을 보전하며 지속적인 발전을 이루기 위해서는 스스로를 지킬 수 있는 힘이 있어야만 하고 그 힘은 평화시대에 준비해야만 한다. 힘의 뒷받침 없는 평화는 존재하지도 않고 지속되지도 않는다.
-호머 리(Homer Lea)-

눈 앞에 적을 둔 평화란 늘 불안한 평화다. 진정한 평화란 전쟁에서 승리하거나 적보다 우위의 힘을 가지고 당당하게 우리의 의지를 행사할 때이다. 힘이 없는 나라에 평화가 있을 수 없다. 전쟁이 두려워 돈으로 평화를 사면 인질이 되어 불안한 평화의 기간은 점점 더 줄어들고 종국에는 멸

망하게 된다.   -윤용남-

안보는 힘에 의존해야 하며, 힘은 곧 능력에 의존한다.   -간디(Gandhi)-

우리가 소망하는 평화는 남이 주는 것이 아니라 내 힘으로 만들어 나가
야 하며 스스로 지킬 힘이 있을 때 평화는 유지될 수 있음을 잊어서는 안
된다. 우리가 힘이 있을 때 이웃나라와 공조가 가능한 것이지 힘이 없는
공조는 굴욕만 되풀이 한다.   -윤용남-

힘 없이는 안전을 보장할 수 없다. 왜냐하면 약한 국가는 중립을 지킬 수
있는 권리마저 상실하기 때문이다. 강해야만 우리의 정당한 권익을 보호
하고 평화나 전쟁을 택할 수 있다. 힘은 바로 정부, 군사력, 국가의 자원에
달려있다.   -알렉산더 해밀턴(Alexander Hamilton)-

역사에 남을 정도의 나라는 반드시 다음 두 가지에 기반을 둔 여러 정책
을 실시하였다. 그것은 정의와 힘이다. 정의는 국내에서 적을 만들지 않기
위해 필요하고 힘은 국외의 적으로부터 나라를 지키기 위해 필요하다.
                                      -마키아벨리(Machiavelli)-

동맹은 힘 있고 능력있는 나라와 맺는다. 힘 없고 능력없는 나라와는 결
코 동맹을 원하지 않는다. 국력은 부富보다 훨씬 중요하다. 왜냐하면 강強
의 반대되는 약弱은 기득既得의 부 자체뿐만 아니라 우리의 생산력, 우리
의 문명, 우리의 자유, 그리고 나아가 우리의 독립까지도 강한 자의 손아
귀에 넘어가기 때문이다.   -프리드리히 리스트(Friedrich List)-

내가 약하고 못났는데 누가 나를 덮치지 않을 것이며 내가 강하고 잘났
는데 누가 감히 나를 넘볼 것인가!   -진천화陳天華-

냉엄한 국제무대에서 힘이 뒷받침되지 않는 외교나 평화는 헛구호에 지나지 않는다. 무슨 일이 터졌을 때 강대국에 호소해보아도 아무 소용 없다. 국제사회의 대등한 관계는 UN총회에서 투표할 때나 있는 일이고 성숙한 관계란 국력이 뒷받침해 줄 때만 가능하다.

한 나라의 외교안보 정책에서 가지고 있는 실력과 자산을 넘어서는 발언과 약속을 남발할 경우 부도가 날 수 있다. 외교에서 부도란 싸우지 않아도 될 전쟁을 치르게 되거나 전쟁을 겪으며 온갖 고생 끝에 얻은 평화를 오래 지키지 못하게 되는 상태를 말한다.

–월터 리프만(Walter Lippman)–

병자호란(삼전도의 비극)을 당하여 아무 힘도 없으면서 청나라와 싸우자고 하는 놈이나 힘이 없다는 것을 알고 싸워보지도 않고 화친하자는 놈이나 똑같다.

남의 힘에 의존하지 않고 우리 스스로를 자위自衛할 수 있고 전쟁을 결심할 수 있는 능력을 가진 국가라야 제대로 된 국가이다.   –윤용남–

스스로 지키지 못하는 나라는 반드시 망한다. 적과 친구를 구별 못하는 나라도 반드시 망한다.

힘없는 정의는 무력無力하다. 정의없는 힘은 압제壓制다.

–마크 클라크(Mark W. Clark)–

약자의 양보는 겁쟁이의 양보이다.   –에드먼드 버크(Edmund Burke)–

인간의 역사가 항상 그러하였듯이 아무리 선한 것이라도 자신을 물리적으로 지킬 힘이 없으면 악의 상대가 되지 못한다.

국가의 힘은 사용해야 가치가 있다. 싸워야 할 적이 있으면 싸우고 또 승리해야 한다.
-조갑제-

국가의 힘은 정복이 아닌 국가 내부의 건강함에 의존한다고 말한다. 결국 풍요는 부富에 있지 않고 도덕 속에 존재하는 것이다.
-몽테스키외(Charles de Montesquieu)-

경제와 안보

현대국가에서 진정한 국가안보와 복지국가의 실현은 내실있는 경제, 군건한 국방, 사회적 안정에 달려있다. 군사력은 튼튼한 경제력의 기반 위에 가능한 것이며 경제의 위기는 정치, 군사, 사회적으로 영향을 미친다. 경제위기가 대규모 실업사태를 발생시켜 만약 이들이 거리로 뛰쳐나와 조직화하여 격렬한 투쟁을 하게 되면 정치불안과 사회혼란이 일어나 국가 생존에 위기를 가져온다. 경제위기로 인한 국가 재정축소는 결국 국방예산의 감소와 직결되어 전력증강과 사기, 복지에 악영향을 미쳐 국방력을 약화시킨다. 이와 같이 경제위기는 그 자체로 끝나는 것이 아니라 정치, 경제, 사회, 군사적 위협요인으로 파급되어 국가안보에 총체적 영향을 미친다.

물질의 뒷받침없이는 정신의 순수성이 지켜질 수 없고 정신이 빠진 물질은 타락의 수단이 되기 쉽다.

안보 없이는 장기간의 번영이란 있을 수 없다. 전쟁 준비보다 경제 우선은 잘못된 것이다.
-맥스 부트(Max Boot)-

국가의 안전이 보장되지 않으면 경제 발전도 민주 발전도 불가능하다.

-김충남-

군사력은 경제적 기반 위에서 수립된다.　　　-어얼(E. M. Earle)-

적의 위협으로부터 국가와 국민의 생명과 재산을 보호하고 국민과 외국 투자자들에게 한국의 튼튼한 안보능력에 대해 신뢰를 줄 수 있도록 강군 육성에 적절한 투자를 해야 경제가 발전할 수 있다.

전쟁을 억제하는 것이 전쟁을 수행하는 것보다 더 경제적이고 바람직하다.

-한·미 동맹을 원한 이승만 대통령의 의견에 미국이 내린 결론-

부富와의 전쟁

가난을 이기는 사람이 100명이라면 풍요를 이기는 자는 한 명도 없다.

-토마스 칼라일(Thomas Carlyle)-

풍족해지면 오만해지고 풍족하고 오만해지면 국방과 안보를 게을리한 다. 그러면 나라가 위험하다.　　　-호머 리(Homer Lea)-

자원이 부족하고 빈약한 민족이 강하고 부유한 나라를 상대로 거의 파산 에 이를 때까지 싸워 승리한 경우가 적지 않다. 커다란 부의 원천도 인간 의 용기를 제압하기에 충분치 못한 예가 많다.　　-호머 리(Homer Lea)-

궁핍에 길들여진 가난한 사람이 부티나는 사람보다 더 용감하고 강인하다.

-클라우제비츠(Clausewitz)-

물질적으로 자원이 풍부한 나라일수록 호전적인 민족의 제물이 될 가능

성이 상대적으로 더 크다. 지속적인 평화와 독립의 향유는 항상 비싼 대
가를 필요로 한다.　　　　　　　　　　　　　　　-호머 리(Homer Lea)-

국방을 소홀히 한 민족은 머지않아 멸망의 징벌을 받게 된다. 풍요로움은
국력의 기초가 되지만 때로는 그 기초를 파괴하고 국가를 멸망으로 인도
하는 가장 유력한 원인이 되기도 한다. 국가적 풍요로움은 힘의 근원이기
도 하지만 위험의 원인이기도 하다. 부가 인간의 가치 그 자체를 결정지
어주는 기준이 될 때 부패가 시작되고 애국심이 사라지게 된다.
　　　　　　　　　　　　　　　　　　　　　　-호머 리(Homer Lea)-

물질적 풍요가 지배하는 나라에서는 인간과 인간의 영혼만이 부의 노예
가 되는 것이 아니라 국가 그 자체도 부富의 종從이 된다.
　　　　　　　　　　　　　　　　　　　　　　-호머 리(Homer Lea)-

몽골족의 승리는 결코 기적이 아니었다. 불행과 가난에 찌든 유목민의 군
대가 갖는 다이나믹한 힘에 풍요로운 문명국가들이 굴복한 것 뿐이다.
　　　　　　　　　　　　　　　　　　　　　　　　-라츠네스키-

내 자손들이 비단 옷을 입고 따뜻한 벽돌집에 사는 날 나의 제국은 멸
망할 것이다.　　　　　　　　　　　　　　　　　　-칭기스칸-

부富를 무기와 용기로 전환시키지 못하면 빼앗기게 마련이다.

국가의 부와 사치가 군사력과 반비례 할 때 그것은 파멸의 시간이 가까
워지고 있음을 의미한다.　　　　　　　　　　　-호머 리(Homer Lea)-

부와 허영심이 가득차 있으면서 군비軍備가 준비되어 있지 않은 나라는

전쟁을 불러오고 반드시 자신의 붕괴를 재촉하게 될 것이다.

–호머 리(Homer Lea)–

방어가 부富보다 훨씬 중요하다.　　　–애덤 스미스(Adam Smith)–

국민정신과 의지

동서고금의 세계사는 번영할 때 조심하라고 가르치고 있다. 번영은 자칫 국민을 안일과 방종으로 이끌어 자체 붕괴나 외세의 침략을 유도할 수 있기 때문이다.　　　–베빈 알렉산더(Bevin Alexander)–

눈이 녹는 계절에 눈사태가 일어나기 쉽다.

인생의 3대 액체인 피와 눈물과 땀을 얼마나 많이 흘리느냐에 따라 사업의 성패가 결정되고 개인과 국가의 운명이 좌우된다.

–처칠(Winston S. Churchill)–

피를 흘려야 할 때 흘리지 않으면 남의 노예가 되고 눈물을 흘려야 할 때 안흘리면 동물의 차원으로 떨어지며 땀을 흘려야 할 때 흘리지 않으면 빈곤의 수렁에 빠진다.　　　–처칠(Winston S. Churchill)–

피 흘릴 것을 두려워하는 자는 피 흘릴 것을 두려워하지 않는 자에게 정

복된다.   *-클라우제비츠(Clausewitz)-*

악과 싸울 의지가 없는 국민에겐 가혹한 벌이 주어진다.

                     -골드워터(Barry M. Goldwater)-

나쁜 세력은 자동적으로 망하고 착한 사람들은 자동적으로 이긴다는 환상은 버려야 한다. 착한 사람과 똑똑한 사람이 모자라서 망한 나라는 없다. 악당에게 몽둥이를 드는 용감한 사람이 없어서 망했다.

겁쟁이는 행복을 누릴 자격이 없다.   *-골다 메이어(Golda Meir)-*

최선의 무기라도 그것을 사용하고자 하는 용기와 의지와 결심이 없다면 죽은 물질이며 가치없는 물질에 불과하다. 그러므로 독일의 국력을 다시 회복하는 문제는 어떻게 무기를 생산하느냐 하는 것이 아니고 어떻게 하면 무기를 들고 일어서게 할 그러한 정신을 국민에게 불어 넣느냐 하는 것이다.   *-히틀러(Adolf Hitler)-*

무사가 세운 국가는 선진국이 됐고 선비가 통치한 나라는 식민지가 됐다.

                            -이병형-

사람이 사는 방법에는 비굴하지만 여유있게 사는 모습과 궁핍하지만 당당하게 사는 자세가 있다.   *-마이클 맥클리어(Michael Maclear)-*

스스로의 힘으로 자기 나라를 지키려는 의지가 없이 우방과 동맹국들에게 자국의 안보를 의존하는 것이 얼마나 어리석은 짓이며 국가간의 협상, 또는 전쟁에서 승리를 좌우하는 것은 무력보다 그 나라 정부와 국민들의 의지라는 것을 세계의 역사에서 많이 보았다.

평화를 돈으로 구걸하고 희생을 두려워하여 스스로 지키려 하지 않는 국가와 국민은 역사 속에서 영원히 사라지게 된다.

-마키아벨리(Machiavelli)-

자신의 안전을 자신의 힘에 의하여 지킬 의지를 갖지 않을 경우 어떤 국가라고 해도 독립과 평화를 기대할 수는 없다.

-마키아벨리(Machiavelli)-

주한 미군도 한국인들이 자기 나라를 지키고자 하는 충분한 의지와 능력이 있을 때 돕는 것이다. 미군이 있으니까 하는 안일한 정신은 버려야 한다.

-윤용남-

물에 빠진 자가 지푸라기를 잡는 것이 자연적 본능인 것과 마찬가지로 멸망에 기울어진 국민이 그것을 면하기 위하여 최후의 수단을 택하게 되는 것은 당연하다. 어느 국가든 적국에 비하여 아무리 약소하고 열세하다 하여도 그런 최후의 노력을 아껴서는 안된다. 그렇지 않다면 그 국가는 혼이 빠진 국가라고 말하지 않을 수 없다.   -클라우제비츠(Clausewitz)-

영광스러운 역사 뒤에는 피의 대가가 있었다. 남의 힘에 의해 해방되고 남의 힘에 의해 지켜지는 국가와 국민은 민족의 정기를 가질 수 없고 혼 (국민정신)이 빠진 국민의 국가는 망한다.
대한제국은 침략에 맞서 싸우다가 장엄한 최후를 맞은 것도 아니고 처절한 비장미悲壯美도 보여주지도 못한 채 사라지고 말았다.
해방과 통일은 피를 흘리며 쟁취해야지 남의 힘으로 될 경우 지키고자 하는 소중함과 노력이 결여된다. 단결된 힘으로 지배자에게 대항해야지 그렇지 못하면 분열되고 분열되면 저항력이 없어 계속 당한다.

목숨이 아까워 노예적 굴욕을 감수하면서 오욕의 삶을 둘러쓰고 눈감아 버린 인간 집단 위에 여러 종류의 정신적 퇴행이 일어난다.

식민지 생활을 오래하면 정신구조에 문제가 생겨 성격이 바뀐다. 자신과 자신의 집안을 누가 지켜주지 않기 때문에 자기 본능이 강하다. 정신적 유연성을 잃고 완고해진다. 매사에 과민하게 반응한다. 가혹한 현실을 참고 견디며 꿋꿋이 살아가야 할 필연성 때문에 꿈에 의존하다 보니 구세주를 믿는 종교에 미친다.

단결하지 않는 국민을 위해 미국이 왜 전투 병력을 보내야 하는가?
－존슨(Lyndon B. Johnson)미 대통령－

상대방이 협박하기도 전에 알아서 기는 못난 나라가 아니었으면 하는 마음 간절하며 평화의 사도가 흔드는 공수표에 현혹되는 어리석은 국민이 아니기를 바란다.　　　　　　　　　　　　　　　　　　　　－조갑제－

1807년 나폴레옹 군에 독일이 패망한 것은 군대가 약해서가 아니라 독일인 모두가 도덕적으로 타락하고 이기심이 가득 차 있었기 때문이다.
－요한 피히테(Johan Fichte)－

비겁과 폭력 중에서 어느 하나를 택해야 하는 경우에 나는 폭력을 권하고 싶다.　　　　　　　　　　　　　　　　　　　　　　　　－간디(Gandhi)－

한국이 누리는 평화, 자유, 번영은 공짜 심리와 결합되면 국민정신을 타락시키는 독毒이 된다.　　　　　　　　　　　　　　　　　　　　－조갑제－

보편적 가치와 고유 가치가 갈등 또는 충돌할 때 보편적 가치가 고유 가치에 우선해야 한다는 것을 알아야 한다. 다문화, 다민족이 어우러져 살아가는 글로벌시대에는 한국 민족 고유의 가치보다는 보편적 가치를 따라야 하기 때문이다. 오늘날 젊은이들 중에는 보편적 가치와 고유 가치 중 무엇을 우선순위에 둘 것인가를 몰라서 한·미 동맹과 동포애 또는 조국애를 혼동하는 이들이 많다. 한·미 동맹은 자유 민주주의 보편적 가치로 맺어진 것이다. 이를 고유가치인 동포애나 조국애와 혼동해서 잘못 판단해서는 곤란하다.　　　　　　　　　　　　　　　　 *-강영우-*

세계 각국의 국민성을 싸움에 비유하면
미국인 : 때리고 싶은 녀석을 때린다.
영국인 : 미국이 때린 녀석을 때린다.
러시아인 : 자신을 욕한 녀석을 때린다.
프랑스인 : 맞으면 되갚아준다.
일본인 : 맞으면 미국을 통해 되갚는다.
이스라엘인 : 자신을 때리고 싶어하는 사람을 먼저 때린다.
북한인 : 누구에게 맞으면 한국을 때린다.
한국인 : 맞으면 미국과 합동훈련한다.
중국인 : 맞으면 욕으로 되갚는다.　　　　　　　 *-중국 인터넷 게재글-*

애국심

"이제 저의 천명이 다하여 감에 아버지께서 저에게 주셨던 사명을 감당치 못하겠나이다. 몸과 마음이 너무 늙어버렸습니다. 바라옵건대 우리 민족의 앞날에 주님의 은총과 축복이 함께 하시옵소서! 우리 민족을 오직 주님께 맡기고 가겠습니다. 우리 민족이 굳세게 서서 국방에서나 경제에서나 다시는 종從의 멍에를 메지 않게 하여 주시옵소서."
　　　　　　　　　　　　　　　　　　　　 -이승만 기도문-

잃었던 나라의 독립을 다시 찾는 일이 얼마나 어렵고 힘들었는지 우리 국민은 알아야 하며 불행했던 과거사를 거울삼아 다시는 어떤 종류의 것이든 노예의 멍에를 메지 않도록 해야 한다. 이것이 내가 우리 민족에게 주는 유언이다.　　　　　　　　　　　　　　　　　　　　　　　－이승만－

국가가 나를 위해 무엇을 해줄 것인가를 묻기 전에 내가 국가를 위해 무엇을 할 것인가를 물어라.　　　　　　　　　－케네디(J. F. Kennedy)－

진정한 애국심은 당파가 없다.　　　　　　　　　　　　－스몰테트－

진정 나라를 지키는 것은 그것을 다루는 사람이고 국민들의 애국심이며 여러분의 조국에 대한 긍지와 애국심, 헌신이야 말로 나라를 지키는 핵심인 것입니다.　　　　　－박근혜(2013 육·해·공군합동임관식 축사)－

용기가 없는 곳엔 자유가 없다. 나라를 지키다 죽은 이에게 지상의 명예를 주는 나라야말로 가장 훌륭한 시민이 다스리는 나라다.

　　　　　　　　　　　　　　　　　　　－페리클레스(Pericles)－

국가를 위해 헌신한 유공자와 그 가족을 정부와 사회가 책임지는 모습을 보여주는 것은 올바른 안보관과 애국심을 사회전반으로 확대시키는데 중요한 촉매제가 될 것이다. 지금이야 말로 우리 모두를 시험해 볼 좋은 기회이다. 이러한 난국의 순간에 나약한 병사나 해바라기형 애국자는 조국의 소명 앞에서 등을 돌린다.

　　　　　　－토머스 페인(Tomas Paine) 1776 미국독립전쟁 중에－

개인이나 국민이 품고 있는 애국심의 진가를 알 수 있게 되는 때는 전시가 아니라 평화의 시기다. 평화로운 시기에 국가의 복리와 안녕에 무관심한 사람은 전시에도 아무 쓸모가 없다. 더구나 평시에 국고에서 황금뿐만 아니라 신용을 도둑질하면서도 부끄러움을 모르는 무리가 전시에 칭찬 받을 만한 애국심을 발휘한다는 것은 도저히 상상할 수 없다. 이들을 가리켜 반역자라고 부를 수밖에 없다.   -호머 리(Homer Lea)-

평화의 시대에 전쟁을 충실히 준비하는 것에 반대하는 사람은 결국 전시에 자신의 의무를 회피하거나 자신의 직무를 포기함으로써 국가에 손해를 끼치는 자들과 조금도 다를 바 없이 비애국자이고 나라에 해가 되는 존재이다.   -호머 리(Homer Lea)-

상무정신과 국방의식

우리의 근대 역사 속에서 주권국가로서의 당당함보다 중국에 대해서는 사대정책事大政策을, 일본에 대해서는 교린정책交隣政策을 추구한 결과 무武가 장기적인 안목에서 육성되고 강화된 적이 없었다. 숭문배무崇文排武 사상에 젖어 상무정신이 약화되었다. 이러한 잘못된 정책으로 국가 안위에 문제가 발생했을 경우 당당하게 대처할 능력이 없기 때문에 어디에 붙어야 살 수 있는가를 놓고 국론이 분열되고 잘못 붙었을 경우 국난을 당하여 백성들이 도륙을 당했던 오욕의 역사를 갖게 되었다. 이를 반면교사反面教師로 삼아 다시는 그러한 환란을 겪지 않도록 우리 스스로를 당당하게 지킬 수 있는 강한 힘을 가져야 한다.   -윤용남-

상무정신이 강한 국민의 국가는 흥하고 상무정신이 없는 국민의 국가는 자존에 문제가 있다.

위대한 역사를 창조한 국가 치고 자주 국방의식이 허약한 국민은 없다.   -김충남-

적에게 땅을 내주면 여자를 지킬 수 없고 바다를 내주면 자식을 지킬 수 없다. 그러나 적에게 운명을 내주면 신神조차 우리를 지켜 줄 수 없다.
-스페인 침략전쟁에 참전한 포르투칼의 어느 아버지의 말-

상무정신은 인간이 가장 소중하게 여기는 생명도 국가를 위해 양보할 수 있다. 부국이지만 상무정신이 모자란 국가와 빈국이지만 상무정신이 강한 두 나라가 있다고 가정하자. 이 두 나라가 충돌했을때 어떤 결과를 가져올까? 지난날의 역사는 부국약병의 나라가 빈국강병의 나라에 패하고 인류의 활동으로부터 영원히 사라졌다는 것을 우리에게 가르쳐주고 있다.
-호머 리(Homer Lea)-

전쟁의 승패는 나라가 크고 작음에 있지 않고 그 국민의 전의戰意 여하에 달려있다.
-김유신-

상무정신을 고양시키기 위해서는 정부 부처의 공석을 충원할 시 국가에 봉사한 자에게 우선권을 부여하고 나아가서 일정 기간의 군복무 여부를 공직 취임 조건으로 정해야 한다.
-조미니(Jomini)-

인간의 사랑 중에서 가장 고귀하고 숭고한 사랑의 실천은 내 목숨 바쳐 조국을 지키는 것이다. 군인을 폄하하고 하대하면서 유사시 국민의 목숨을 지켜달라고 요구하는 국민은 이 나라에 살 자격이 없다.   *-이재호-*

사회지도층 인사들 가운데 자신이 살고 있는 대한민국을 지키는 병역의 의무를 다하지 않고 무임승차한 사람이 병역 의무를 다한 사람들의 위에서 지도하는 웃지 못할 현상이 이 나라에서는 다반사로 일어나고 있다. 병역 미필이 아무리 합법적이고 적법하더라도 국민정서법이 용납하지 않는다. 아마 모르긴 해도 무임승차 했다는 남자로서의 자격지심이 평생 부끄럽게 따라 다닐 것이다. 이들은 또한 군대의 사소한 잘못도 침소봉대하여 비난함으로써 자신의 떳떳하지 못한 과거를 정당화하려는 경향이 있다. 건강이 좋지 못했거나 기타 사유로 병역을 필하지 못했으면 공직말고 다른 분야에서 국가를 위해 헌신해 줄 것을 당부한다.   -윤용남-

유사시 국민의 생명과 재산을 보호해 줄 수 있는 강한 군대상을 국민들에게 심어주어야 한다. 과거 오욕의 역사를 초래한 가장 큰 원인은 허약한 국력과 국민을 보호해야 할 위정자의 강한 의지와 강한 군대가 없었기 때문이다. 사람들이 경제적으로 윤택해질수록 자신이 이룩한 부富와 자기생명에 대해 더욱 애착을 갖게 마련이다. 그러나 국민들은 위험하고 힘든 군대에 직접 참가하기는 꺼려하면서도 군대가 자신의 생명과 재산을 지켜줄만큼 충분히 강하기를 원하는 이율배반적인 태도를 가지고 있다. 오로지 강군만이 이런 국민을 지킬 수 있다.   -윤용남-

정치인들이 군복무를 기피하고 타락하거나 군대가 약해지면 국민은 중립이 되고 눈치를 본다.   -이병형-

군인이 되려고 하지 않는 청년이나 아들에게 군인이 되라고 가르치지 않는 어머니는 모두 민주시민이 될 수 없다.
   -루즈벨트(Theodore Roosevelt)-

전쟁과 국민
전투는 군인이 하지만 전쟁은 국민이 하는 것이다.

전쟁을 각오하면 전쟁은 없고 전쟁을 피하면 전쟁은 일어난다.

전쟁에는 국가의 의지와 국민의 지원, 국민 여론 조성이 절대 필요하다.

국민은 정신이 공고해야 하며 그것이 군에 늘 새로운 힘을 공급할 수 있다.

전쟁 수행 능력은 국내에 존재하며 힘의 발휘는 적의 전선으로 향해진다.
-루덴도르프(Erich Ludendorff)-

국민이 부도덕하고 범죄에 빠지고 점차 이를 억제하기 어려워지게 되면
그것이 다름 아닌 전쟁이다.　　　　　　　　-호머 리(Homer Lea)-

민주주의 국가에서의 모든 제도는 대중의 의사에 입각하고 있다. 그러나
대중이 어떤 타성을 가지게 되면 방향전환이 극도로 느리며 어떤 때는
치명적으로 지연 되기도 한다. 이러한 현상이 단호하고도 간악한 적과 부
딪혔을 때 민주주의의 큰 약점이 된다. 반대로 변화가 알맞을 때 일어나
면 승리의 의욕에 찬 민주시민의 정열은 보다 깊고 뜨거운데 그것은 그
들의 정열이 강요된 것이 아니라 자발적인 것이기 때문이다.
-처칠(Winston S. Churchill)-

전투에서 부상당한 전우를 살리기 위해 업고, 메고, 사지를 탈출하면서 평
시에 느낄 수 없는 진정한 우정과 우애가 생겨나고 이웃의 소중함과 국민
의 소중함을 느낀다. 이것이 바로 국민정신의 승화이다.　　　-이병형-

이념전쟁

이념

이데올로기의 생명은 100년, 종교는 1000년, 민족문제는 영원하다는 설
이 있다.

－飯塚昭男－

인간은 죽일 수 있다. 그러나 사상은 죽일 수 없다.

－마크 클라크(Mark W. Clark)－

한국 사회의 갈등은 대부분 경제적 갈등과 이념적 갈등이다. 경제적 갈등
은 해소할 여지가 있으나 이념적 갈등은 한 집단이 제거되거나 공존해야
하는데 이것이 대단히 어렵다.

국민 전체의 통합(분열과 갈등의 통합)을 이루려면 목표와 구심점이 있
어야 하는데 어느 나라든 국가 이념이 그 역할을 한다. 우리의 국가 이념
은 자유민주주의이고 그에 기초하여 민주적 대의정치와 시장경제 체제
가 운용되고 있다.

－남덕우－

20대 청년이 진보적이지 않으면 가슴이 없고 40대 중년이 보수적이지
않으면 정신이 없다.

－처칠(Winston S. Churchill)－

사람은 죽을지 모르고 국가는 멸망할지도 모르지만 이념은 살아남는다.

－존 F. 케네디－

자유민주주의

자유는 공짜가 아니다(Freedom is not free).

–미국 워싱턴 D.C 한국전쟁기념관–

자유에는 항상 책임이 따르며 진실을 지켜야 자유를 누릴 수 있다.

자유는 피를 마시며 자라는 나무다. –토머스 제퍼슨(Thomas Jefferson)–

1더하기 1은 2라고 말할 수 있는 체제는 자유를 지킬 수 있다.

–조지 오웰(George Orwell)–

모든 인간은 평등하고 자유롭게 창조되었으며 그런 평등한 창조로부터 누구도 빼앗을 수 없는 고유한 권리를 받았는데 생명의 보전과 자유 그리고 행복을 추구할 권리가 거기에 속한다.

–토마스 제퍼슨(Thomas Jefferson)–

일시적인 안전을 얻기 위해 본질적인 자유를 포기한 사람은 자유도 안전도 누릴 자격이 없다.   –벤자민 프랭클린(Benjamin Franklin)–

질서와 자유 이 두 개의 힘은 정통성있는 정부, 번영, 그리고 자유 민주주의를 잉태한다.   –제임스 매디슨(James Madison)–

민주주의는 경제와 교육, 법치, 투명성 확보 내지 부정부패 척결이다.

–폴 콜리어(Paul Collier)–

민주주의란 개인의 인권과 권리의 보장, 자유와 평등의 가치실현을 추구하는 이념이지만 올바른 민주사회의 유지와 발전을 위해서는 자신의 권리를 주장하기에 앞서 자신의 의무와 책임을 이행하고, 자신의 권익을 존중받기 위해서는 남의 권익도 존중할 줄 알아야 하며 법과 질서를 존중하고 공익을 앞세울 줄 아는 성숙한 시민의식이 요구된다.

민주주의는 절대 선善이 아니다. 민주주의가 자유를 보장하는 제도가 마련되려면 법의 지배, 견제와 균형, 그리고 기본권 보호가 먼저 확립되어야 한다.
　　　　　　　　　　　　　　　　　　　　　-파리드 자카리아(Fareed Zakaria)-

민주주의란 기회의 균등이지, 능력의 균등이 아니다.

민주적으로 선출된 정부가 다른 민주적으로 선출된 정부와 전쟁을 벌였다는 역사적 사례는 없다.
　　　　　　　　　　　　　　　　　　　　　　-기츠(Bradley R. Gitz)-

민주주의는 일반적으로 좋은 정부가 생길 수 있는 환경을 제공하며 번영을 동반한다. 진정한 민주주의는 정부의 권력이 제한되고 법을 기초로 한 국가이다.
　　　　　　　　　　　　　　　　　　　-마가릿 대처(Margaret Thatcher)-

자유로운 사회는 개인을 수단이 아닌 목적으로 본다. 개인의 자율과 자중만 있으면 개인과 개인의 권리는 충돌없이 공존할 수가 있다. 이런 자유사상에서 놀라울 정도의 다양성과 깊은 관용 그리고 법치의 전통이 생겨난다. 이것이 자유사회의 통합성과 활력을 만들어 내는 것이다.　　-폴 니츠-

부디 깊이 생각하고 고집 부리지 말고 모든 사람들이 힘껏 일하고 공부하여 성공할 수 있도록 자유의 길을 열어 놓아야 한다. 그렇게 하면 사람들에게 스스로 활력이 생기고 관습이 빠르게 변하여 나라 전체에도 활력이 생겨서 몇십 년 후에는 부유하고 강력한 나라가 될 것이다. 그러므로 자유를 존중하는 것은 나라를 세우는 근본이다.
　　　　　　　　　　　　　　　　　　　　　　　　　　　　-이승만-

자유와 민주주의는 경제발전을 전제로 한다. 경제발전 없이는 민주주의 발전은 거의 불가능하다.　　　－벤자민 프리드먼(Benjamin M. Friedman)－

민주주의의 3대 적敵은 전쟁, 혼란, 빈곤이다.
　　　　　　　　　　　　　　　　　－클린턴 로시터(Clinton Rossiter)－

민주주의는 정치에 적용하는 원칙이지 국방과 안보를 민주적으로 할 수는 없다. 국가의 생존을 지키기 위한 안보전선에선 자위의 원칙이 가장 유효하다.

자유민주주의가 위협받는 것은 교육의 실패 때문이다.
　　　　　　　　　　　　　　－앤서니 그레일링(Anthony C. Grayling)－

작금의 민주주의가 최고의 정치 시스템이며 이를 능가할 제도는 없다는 주장이 절대 진리일 수는 없다.　　　　　　　　　　　　　－이광요－

민주화란 말은 이기주의나 당파성을 근사하게 위장하는데 더할 수 없이 좋은 명분과 간판을 제공했다. 시민윤리가 정착되지 않은 나라에선 민주화가 억지를 부리는 세력의 무기가 된다.　　　　　　　　　－조갑제－

총구에 의한 구테타나 선동에 의한 구테타나 민주주의의 파괴란 점에서는 같다.　　　　　　　　　　　　　　　　　　　　　　－조갑제－

좌파와 공산주의
클라우제비츠는 전쟁론에서 전쟁은 정치의 수단이라고 하였다. 이를 공산주의자들은 정치 협상을 통하여 모든 것을 해결하되 정치 협상의 길이 막힐 때는 정치 협상의 한 수단으로 전쟁이라는 수단을 통하여 정치 협상의 유리한 조건을 조성하는 것으로 해석하고 있다.

공산당의 목적은 수단 방법을 가리지 않고 정권을 잡는 일이므로 그들과 협력하는 것은 절대로 불가능하다. 공산당은 호열자와 같다. 인간은 호열자와 같이 살 수 없다.
-이승만-

공산주의란 왜 이처럼 잔인하고 포악할까! 인류 사회에 어찌 이런 극악무도하고도 잔인한 주의니 국가니 하는 것의 존재가 용인될 수 있을까! 우리 국토 북반부에도 '크메르루즈'(캄보디아 급진 무장단체)와 꼭 같은 살인집단이 존재하고 이들이 무슨 혁명이니 해방이니 평화적 조국 통일이니 하여 광적으로 설치고 주제넘게도 우리를 보고 독재니, 파쇼니하고 비방하고 돌아가니 가소롭다고 할까! 한심스럽다고 할까!
-박정희-

공산주의와 자유민주주의와의 대결은 선과 악의 대결이다. 공산주의를 꺾는 데는 합리성만으로는 충분하지 않고 신념이 있어야 자원을 충원할 수 있다.
-로널드 레이건(Ronald W. Reagan)-

공산주의자들의 투쟁은 주 전장을 적 내부에 두고 같은 민족이라는 민족 공조에 중점을 두며 국민정신 상태에 물타기 작전을 한다.

우리는 자유민주주의 체제에서 태어나 합리적이고 논리적인 사고와 행동을 가치 판단의 기준으로 교육받고 생활해 왔다. 만일 우리가 이러한 합리적이고 논리적인 판단기준으로 북한 공산집단을 평가한다면 큰 오류를 범하게 된다.
-윤용남-

공산주의는 자유사회의 장점을 악용하여 우리 사회를 분열시키고 인간의 비이성적인 측면을 선동해 사회를 파괴하려드는 절대로 타협할 수 없

는 가치관이다.   -폴 니츠-

공산주의자들이 즐겨쓰는 평화 정책이란 것은 자본주의와 싸울 때 쓰는 유리한 방식이며 비공산주의 국가를 분열시키고 마비시키기 위한 장치이다.   -폴 니츠-

공산주의자들은 자유를 파괴하기 위한 적들 중 가장 잘 조직되고 유능한 세력이다.   -로널드 레이건(Ronald W. Reagan)-

공산주의자들은 우리와 전쟁을 하고 있다고 생각하는데 우리는 그렇게 생각하지 않는다면 이미 지고 들어가는 것이다.
                                     -로널드 레이건(Ronald W. Reagan)-

도덕성이란 것은 계급의 이익에 종속되는 것이며 구 사회체제를 말살 하는데 필요한 모든 것이 도덕적이라고 생각한다.   -레닌(Lenin)-

공산주의자는 마르크스와 레닌을 읽은 사람이고 비공산주의자는 마르크스와 레닌을 잘 아는 사람이다.   -로널드 레이건(Ronald W. Reagan)-

좌익이념은 선전이론과 실천이론의 2중구조로 되어있다. 보통사람들이 볼 수 있는 건 선전이론이다. 당원들이 배우는 건 선전이론과 180°다른 실천 이론이다. 공산주의는 구조적으로 본질적으로 사기이다. -고영주-

공산 극력분자들이 러시아를 저희 조국이라 부른다니 과연 이것이 사실이라면 우리의 요구하는 바는 이 사람들이 한국을 떠나서 저희 조국에 들어가서 저희 나라를 충성스럽게 섬기라고 하고 싶다. 우리는 우리나라를 찾아서 잘하나 못하나 우리가 원하는 대로 우리 것을 만들어 가지고 살려는 것을 이 사람들이 한국사람의 형용을 하고 와서 우리 것을 빼앗아 저희 조국에 갔다 붙이려는 것은 우리가 결코 허락하지 않을 것이니 우리 삼천만 남녀가 다 목숨을 내어 놓고 싸울 결심이다.   -이승만-

그들은 "평화를 원하면 전쟁을 준비해선 안된다. 안전을 원하면 위협을 해서는 안된다. 협력을 원하면 타협을 해야 한다"고 말했다. 이 접근법은 완전히 틀렸다. 미국이 데땅뜨(Detente:긴장완화)정책을 추구할 때 소련은 군비를 증강하고 침략 정책을 추구했다. 레이건 대통령이 등장하여 군사력 우위, 체제경쟁, 그리고 소련의 침략에 대한 반격작전을 펴자 소련은 협조적으로 나왔고 무장해제 했으며 마침내 무너졌다.
    -마가릿 대처(Margaret Thatcher)-

사회주의는 새 것의 가면을 쓴 낡은 것이다.   -황장엽-

마르크스주의는 무식한 사람이 유식한 사람을 지도해야 한다고 했다. 지도할 수 있는 사상과 문화가 없으니 관료주의적 방법, 독재적 방법에 매달릴 수 밖에 없다.   -황장엽-

독재는 습관이며 마침내 질병으로 변한다. 가장 훌륭한 인간도 죽일 수 있으며 짐승 수준으로 타락시킬 수도 있다.
    -도스토예프스키(Dostoevski)-

혁명의 성공적 수행을 위해서는 용어를 혼란시켜야 한다. -레닌(Lenin)-

사상을 바꾸면 현실을 개조할 수 있고 사상을 바꾸는 유력한 수단은 언어조작이다.   -조지 오웰(George Orwell)-

공산혁명이 성공하는 마지막 순간까지 민주주의라는 표현을 꼭 써야 한다. 그리고 혁명의 목표를 달성하기 위해 거짓말은 클수록 좋다.

-레닌(Lenin)교시에 따른 공산주의자들의 이론-

최악의 저질 인간들이 권력을 잡는 것은 저변층의 증오심과 질투심을 자극하기 때문이다.

-프리드리히, 아우구스트, 폰하이에크-

당신의 정부(미국)도 공산주의자들과의 타협이란 없다는 사실을 배워야 한다. 공산주의자들에게 타협이란 언제나 시간을 벌기 위한 수단이자 상대가 의심하지 않도록 달래는 속임수인 것이다. 공산주의자들의 속셈을 알아채지 못한다면 당신들은 준비가 너무 늦어져 그들의 다음번 공격을 막아내지 못할지도 모른다.

-이승만-

공산주의자들이란 힘 앞에는 약하다. 그들의 무릎을 꿇게 하는 것은 오직 힘 뿐이다. 공산주의자들과 싸워 이기는 길은 하나도 힘이고 둘도 힘이며 셋도 힘이다. 힘, 힘, 힘…힘을 길러야 한다.

-마크 클라크(Mark W. Clark)-

공산주의자들과의 휴전은 협상으로 이루어지는 것이 아니라 적에게 막대한 타격을 가함으로써만이 이루어진다는 사실을 우리는 절실히 인식하였다.

-마크 클라크(Mark W. Clark)-

피를 요구하는 체계적인 침략행위는 더 이상 민족 해방을 위한 전쟁이 아니다.

-케네디(J. F. Kennedy)-

공산주의는 거짓, 증오, 강압을 바탕으로 한 체제이다.

-마가릿 대처(Margaret Thatcher)-

공산주의자들과의 약속이나 협약은 어떤 방식이든 절대로 믿지 말라. 공
산주의자들의 행동만을 믿으라.　　　　　－조이제독(C. Turner Joy)－

공산주의자들이 대화나 협상에 나서는 것은 시간 벌기, 불리한 상황 탈출
하기, 사기와 기만 행동을 취하기 위해서이다. 오로지 힘에 의한 대화나
협상을 해야 먹혀 들어간다.　　　　　－윤용남－

공산당과 싸울 때는 쉬면서 싸울 수가 없다. 어느 한쪽이 죽을 때까지 싸
워야 한다.　　　　　－이광요－

공산주의의 변증법적 상대성이 다양한 형태의 가면을 부여하기 때문에
공산주의자들은 목표를 위해 어떤 이념이나 종교도 모두 수용한다. 그들
은 어떤 옷이든 입을 수 있다.　　　　　－프레드 슈왈츠(Fred Schwarz)－

공산주의자들에 대한 사소한 양보는 '항복으로 가는 계단' 역할을 한다.
　　　　　－프레드 슈왈츠(Fred Schwarz)－

양의 무리에 이리가 섞여서 공산명목을 빙자하고, 국권國權을 없이하여
나라와 동족을 팔아 사리私利와 영광을 위하여 부언낭설浮言浪說로 인민을
속이며 도당을 지어 동족을 위협하며 군기軍器를 사용하야 재산을 약탈
하며 소위 공화국이라는 명사名詞를 조작하야 국민전체의 분열상태를 세
인世人에게 선전하기에 이르렀으니 요즘은 민중이 차차 깨어나서 공산에
대한 반동이 일어나매 간계奸計를 써서 각처에 선전하기를 저희들은 공
산주의자가 아니요 민주주의자라 하야 민심을 현혹시키나니 이 극렬 분
자의 목적은 우리 독립국을 없이 해서 남의 노예를 만들고 저희 사욕을
채우려는 것을 누구나 볼 수 있을 것이다.　　　　　－이승만－

거짓 선동엔 진실의 햇빛을 비추어야 하며, 변할 수 없는 공산주의 골수 분자들이 아니라 부화뇌동하는 무리들을 설득해야 한다.　　　-이승만-

이 큰 문제(공산주의자들의 만행)를 우리 손으로 해결하지 못하면 종시終 是는 다른 해방국들과 같이 나라가 두 절분切分으로 나뉘어져서 동족상쟁 의 화를 면치 못하고 따라서 우리가 결국은 다시 남의 노예 노릇을 면하 기 어려울 것이다. 그러니 우리는 경향 각처에 모든 애국애족하는 동포의 합심협력으로 단순한 민주정체하에서 국가를 건설하야 만년 무궁한 자 유복락의 기초를 세우기로 결심하자!　　　-이승만-

미국의 군사력을 증강하여 소련의 침략을 저지하고 군비경쟁으로 몰고 가 경제를 피폐시키고 다음에는 자유세계의 강점인 인권과 자유를 무기 로 삼아 전체주의의 반인간성을 폭로함으로써 적의 내부에서 분열이 일 어나도록 하면 소련 공산주의를 붕괴시킬 수 있다.　　-NSC 68 폴 니츠-

침체된 사회에서 민족주의가 일어나 사회주의와 결합하면 치명적인 일 이 발생한다.　　　-루드비히 폰 미세스(Ludwig von Mises)-

악한 사람들이 뭉칠 때는 선한 사람들은 자기들끼리 교류, 협력을 해야 한다. 그렇게 하지 않으면 그들은 싸우다가 동정도 받지 못하고 허망하게 한 사람 한사람 차례대로 쓰러져 갈 것이다.

　　　　　　　　　　　　　-에드먼드 버크(Edmund Burke)-

좌익이 저질(좌파의 정체성을 저질이라고 규정)을 정치 무기화하여 우파 정권을 무너뜨리려고 한다. 하수도가 하수도에 머물지 않고 하수도가 넘 쳐 상수도와 섞이고 하수도가 상수도 행세를 하며 하수도의 구정물을 대 중이 멋처럼 유행처럼 들이키고 있다.　　　　　　-최보식-

좌익은 자충수로 망하고 보수는 분열로 망한다.   −이승만−

나이가 들어서도 좌익활동을 한다면 문제가 있는 사람이다.
                                    −룰라(Lula da Silva) 브라질 대통령−

좌익에게는 말이 통하지 않고 힘만 통한다. 민주 정부의 가장 큰 힘은 법이다. 그 법을 갖고도 쓰지 않는 사람은 하느님도 도울 수 없다.
                                    −조갑제−

대한민국 정통세력에는 잔인하고 민족 반역자에게는 고분고분한 한국의 종북성향 좌파세력은 거짓선동으로 계급적 증오심을 부추겨 한국 사회를 분열시킴으로써 정권을 잡는 전략을 구사하고 있다.   −조갑제−

북한은 핵무기와 한국의 종북좌파세력이라는 2개의 강력한 무기를 가지고 있다. 한국의 종북좌파세력은 월남의 베트콩(민족해방전선)과 같이 정부와 사회 곳곳에 침투해 사사건건 정부정책 추진을 방해할 뿐만 아니라 조그마한 부조리도 침소봉대하여 마치 나라 전체가 잘못된 것처럼 혼란을 조성하여 공산주의자들의 활동의 온상을 제공하고 있다. 또한 북한의 핵 공갈과 국지도발에 공포와 패배주의를 조장하고 전쟁이냐 평화냐의 택일을 주장하면서 응징보복의 의지를 약화시키고 있다. 전시에는 누가 적인지 구분하기 어려운 게릴라 활동으로 북한군을 지원할 뿐만 아니라 핵무기 투발 위협에 항복을 유도하는 방향으로 행동할 것이다. 따라서 정부는 아무리 좋은 정책과 통치를 한다고 해도 종북좌파세력의 척결부터 하지 않고는 성공하기 어려울 것이다.   −윤용남−

좌파란 머리가 뒤떨어지거나 만약 똑똑한 사람이라면 정직하지 못한 사람이다.
                                    −레이몽 아롱(Roymond Aron)−

제2차세계대전에서 프랑스가 독일에 패망한 근본적인 요인은 평소 히틀러의 노련한 평화 선전 공세와 프랑스 좌파(공산당 세력)들이 나치들과 내통하여 프랑스 인들을 유토피아적 평화주의의 환상속으로 밀어 넣었기 때문이다. 1940년 5월 독일군이 공격하자 프랑스 시가지에 "독일군을 쏘지 마라" "단 한발도 안된다" "스타린만세, 히틀러만세"라는 삐라가 수없이 널려 있는 것을 독일군들이 보고 어안이 벙벙했다고 한다. 결국 프랑스는 전쟁도 하기 전에 히틀러의 심리전과 좌익들의 각종 테러와 유언비어로 내부혼란에 빠져 전선만 붕괴된 것이 아니라 후방에서도 이미 무너져 있었다. 또한 독일 제5전선의 선전 활동으로 엄청난 히스테리를 유발시켜 겁을 집어먹은 프랑스 인들의 피난 행렬은 군사작전을 불가능하게 할 정도로 공포가 이 도시 저 도시로 퍼지면서 그 강도가 눈덩이처럼 불어났다. 프랑스 군부 역시 수동적 방어 제일사상과 행정화군대로 우왕좌왕 하다가 대응시기를 놓치기가 다반사였다. 사실 독일과 프랑스간 전쟁의 승패는 이미 시작 전부터 결정되어 있었던 셈이다.   *-윤용남-*

만약 우리가 공산주의자들과 싸워서 지고 그리하여 자유를 빼앗기게 된다면 역사는 이렇게 기록할 것이다. '잃을 것이 가장 많은 사람들이 패배를 방지하기 위한 행동에서 가장 비겁하였기 때문에 우리는 졌노라고.'
                                    -로널드 레이건(Ronald W. Reagan)-

남 · 북한 대결

우리의 통일은 남북통일 그 자체보다는 어떤 국가로 통일이 되어야 하며 무엇을 위해 통일이 되어야 하는가를 분명히 해야 한다. 통일 한국은 동북아에서 과거의 치욕적인 역사를 되풀이 하지 않는 부국강병의 국가로 인권이 보장된 자유민주주의 국가로 통일 되어야 한다. 자유 민주주의자들과 공산주의자들이 한 자리에 앉아 평화적인 합의가 이루어질것 이라고 보는가? 어리석게도...
                                    -윤용남-

역사상 모든 통일은 무력통일 또는 어느 일방의 와해로 이루어진 흡수통일이었으며 정치적 협상에 의한 평화적 통일이 성공한 예는 없다. 힘이 뒷받침되지 못한 상황에서 정치적 협상이나 평화적 방법에 의한 통일을 추구한다는 것은 바로 적화통일이나 내전을 의미한다.　　－윤용남－

북한의 대남통일전선전략은

1. 남북국민의 염원인 '민족과 통일'이라는 대의 명분을 내세워 반미의식을 고취시켜 주한 미군의 철수를 획책하고,
2. 강한 군사력으로 전쟁에 대한 공포심을 유발시켜 전쟁보다 요구를 들어주는 것이 전쟁을 막을 수 있다는 그릇된 평화주의로 안보 의식을 무력화시키고 패배의식을 조장하며,
3. 김일성, 김정일, 김정은의 호탕한 발언과 우상화로 그 자들을 민족의 죄인으로 인식하고 있는 한국 국민들에게 혼란을 조성하며,
4. 보수 우익을 고립시키고,
5. 진보와 젊은 세대, 비판학자, 사회기층민중과 불평 불만자의 우군화를 획책하며,
6. 한국의 취약점을 부추기고 침소봉대하여 남남 갈등을 확대시켜 사회혼란을 조성, 한국을 내부적으로 붕괴시키거나 무력적화 통일의 결정적 시기를 조성하는 것이 그 목적이다.　　－윤용남－

북한의 대남통일전선전략이 계획대로 무르익으면 북한은 전면 기습남침 공격을 감행, 1차 공격 목표를 서울을 비롯한 수도권에 두고 핵무기 투발을 위협하면서 종북좌파세력과 결합하여 항복을 요구할 것이며 불응시 핵무기를 투발하거나 전국으로 전쟁을 확대, 속전속결하려고 할 것이다.　　－윤용남－

남북간에 전쟁을 부르는 요인은 북한의 내적 모순, 남한의 비굴한 대북정

책, 남한의 자멸적 종북세력이다. 남한의 종북세력이 평화의 구호를 외치면서 북괴의 대남전쟁 협박에 굴복하는 것은 전쟁을 부추기는 전쟁선동 행위이다.
                                                            -조영환-

북한의 시대별 정치평화공세와 군사적 도발

1950년대 : 남북 정치·통일 협상 제의 : 6·25 남침전쟁

1960년대 : 평화통일방안제의(남북연방제, 군대 10만이하 감축) : 푸에블로호 납북, 1·21사태, 울진·삼척 무장공비 침투

1970년대 : 7·4공동성명(남북적십자회담) : 남침 땅굴 굴착, 판문점 도끼만행사건

1980년대 : 고려 연방제 제의(고위급회담) : 아웅산 사건, KAL기 폭파사건, 김포공항 폭파사건

1990년대 : 남북 기본합의서 채택, 고위급 정치회담/차관급 회담 : 핵무기 개발, 강릉무장공비 침투, 1차 연평해전

2000년대 : 6·15, 10·4 선언 : 2차 연평해전, 핵실험, 금강산 관광객 피살

2010년대 : 6자 회담 : 천안함 폭침, 연평도 포격사건, 3차 핵실험

                                                            -윤용남-

1972.8월 남북적십자 평양 본 회담시 박정희 대통령이 이범석 적십자 총재와 회담 참석 요원들에게 내린 지침

1. 평양에서 있었던 일은 공식, 비공식을 막론하고 모두 보고해야 한다.

2. 공산주의들과 접촉할 때는 사전 전략을 세워 놓고 해야 한다.

3. 북한의 위정자들과 우리가 핏줄이 같다고 생각하는 것은 큰 오산이다.

4. 우리 적십자사는 인도적 사업이라고 보나 북은 정치적 사업이라고 본다.

5. 북한 요인들의 말 한마디 한마디는 모두 정치적이다.

6. 우리의 말 한마디 한마디에는 신념이 있어야 한다.

7. 술을 마실 때 상대방이 공산당이란 사실을 잊지 마라.

8.북한 사람들과는 어떤 자리에서도 감상적으로 흐르지 마라.

9.북한이 남한 언론을 비판하면 자문위원들은 즉각 반박하라.

10.대표단과 자문위원 사이는 긴밀한 협의를 하되 매일 저녁 결산토록 하라.

1979.1.29 박정희 대통령이 남북조절위 예비회담에 써준 메모

※북괴의 함정

1.남한 정부 부인 : 북괴 외곽 단체와 동일 격하

2.조절위 기능 무력화

3.대 민족회의로서 통일전선 전략시도

※외국군 철수 논의, 연방제 지지논의

4.아측 전력 증강계획 중단, 현상 동결, 장비 도입금지

5.DMZ내 공사 중지 : 남침 땅굴 방해 없이 공사해 내려오자는 것

6.평화 공세로 미군 철수 촉진

7.앞으로 중단시 책임증가

공산주의자들의 협상전술

1.서둘러 협상에 뛰어들지 않고 무대설정에 신중을 기한다.

2.자신에게 유리한 결론이 담긴 의제를 들고 나와 시작부터 상대를 방어
  적 지위로 만든다.

3.사건들을 조작해서 유리한 협상여건을 조성하거나 선전목적에 활용한다.

4.지연전술로 상대의 지위를 약화시킨다.

5.나중의 범죄행위를 위해서 가능한 한 약속을 적게 한다.

6.이익확보를 위해서 거부권을 행사한다.

7.그럴싸한 거짓쟁점을 도입해서 흥정의 수단으로 사용한다.

8.진실을 부정하거나 왜곡하며 왜곡전술을 더 많이 구사한다.

9.상대가 양보하면 약점으로 알고 몰아부친다.

10.합의내용을 부정하고 상대에게 책임을 전가한다.

11.주장을 끊임없이 반복함으로써 상대를 피곤하게 만든다.

−Joy제독(C. Turner Joy)−

공산주의 협상전술에 대한 대응전략

1.회담기간은 짧아야 하며 회담장소는 분쟁지역 밖이여야 한다.
2.서둘러 공산측의 회담제안에 응해서는 안된다.
3.아무런 대가 없이 양보해서는 안되며 서두르는 태도를 피하라.
4.회담의제를 주의 깊게 검토해야 한다.
5.확고한 입장이 서면 최종안을 제시한 후 상대의 말장난에 장황하게 대
  꾸하지 말고 침묵하든지 단호하게 대응하라.
6.구체적인 정치목표를 갖고 회담에 응해야 한다.
7.상대를 진지하게 휴전회담에 응하게 하기 위해 군사적 위협을 병행해
  야 한다. −Joy제독(C. Turner Joy)−

서독의 동방정책

1.서독은 결코 동독을 국제법상 국가로 인정하지 않았다.
2.서독은 동독의 인권침해 사례를 30년간 모아 통일 후 처벌했다.
3.경제지원에는 반드시 국경에서의 긴장완화 등을 조건으로 내걸었다.
4.직접차관 불허, 유럽차관을 제공하는 형식을 취하면서 총격중지와 교
  환하기도 했다.
5.사민당은 동독과 화해정책을 펴면서 서독 내부단속과 서독 반체
  제인사의 공직취임금지를 결정하고 오로지 붕괴를 위한 지원만이 있
  었다. −김현호−

남한은 사상전을 가볍게 보고 경제전만 이기면 된다고 생각하지만 착각이
다. 배고픈 이리는 얼마든지 살찐 돼지를 먹어 치울 수 있다. −황장엽−

북한을 대함에 있어서 호의와 지원이 북한의 변화를 가져 올 수 있다는 잘못된 기대를 가져서는 안된다. 속아도 안되지만 속이려 해도 안된다.

-염돈재-

어떤 단계에서든 북한에 대해 혹시나 하는 생각을 품는 것은 어리석기 짝이 없는 짓이라는 게 내 생각이다. 북한이 대량 살상 무기를 완전히 포기하지 않는 이상 원조를 해주어서는 안되고 안보문제와 인권문제가 똑같이 중요하다는 것을 인식해야 한다. 북한정권의 붕괴가 궁극적으로 필연적인 일이기는 해도 그 과정이 느리고 위험하고 폭력적일 수 있다는 점을 감안해야 한다.

-마가릿 대처(Margaret Thatcher)-

독재적 방법이든 무슨 방법이든지 간에 조직화된 집단이 분산된 군중과 직접적인 힘의 대결에서 압도적으로 우월하다는 것은 단순한 초보적 상식에 속하는 진리이다. 정치적 힘이란 한마디로 말하여 사람들을 조직동원하여 관리할 수 있는 힘이다.

-황장엽-

북한은 외투를 벗을 생각조차 하지 않는데 자기가 먼저 벗은 외투를 북한이 벗은 것이라고 우기는 사람들이 있다.

-황장엽-

한번 속으면 속인 사람이 나쁘고, 두번 속으면 둘이다 나쁘고 세번 속으면 속은 사람이 나쁘다.

-최응표-

남북한 관계의 본질은 민족사의 정통성과 삶의 양식과 선, 악을 놓고 다투는, 타협이 절대로 불가능한 총체적 권력 투쟁이다.

-조갑제-

독재국가가 인권문제를 접수하는 것은 스스로 독재를 죽이는 독약을 먹는 것이다.

-황장엽-

필력筆力과 병력兵力은 반드시 정의를 이룬다. 이를 쓰면 두려워 하지 않게 되어 적敵을 없앨 수 있다. 휴전선은 병력으로 지키고 후방의 이념전선은 필력으로 지켜야 한다.
-이승만 ·조갑제-

통일은 언젠가는 남·북한이 실력을 가지고 결판이 날겁니다. 대외적으로 내어놓고 할 이야기는 아니지만 미·소·중·일 4대 강국이 어떻고 하는데 밤낮 그런 소리 해보았자 소용없는 이야기입니다. 어떤 객관적인 여건이 조성되었을 때 남·북한이 실력으로 결단을 낼겁니다. 그러니 조금 빤해졌다고 해서 소강상태라서 안심한다든지 만심慢心을 한다든지 해서는 안 되겠습니다.
-박정희-

미친 개에겐 몽둥이가 약이다.
-박정희-

천안함 폭침이 북한소행이 아니라는 사람이 20명이라도 특단의 조치를 취해야 하는데 20~30%가 믿지 않는다니 이게 무슨 나라입니까?
이게 무슨 민주 국가입니까?
한국이 미국을 떠나서 과연 버틸 수 있습니까? 아무리 거리에 자동차가 우글우글해도 사상전에서 지면 모든 게 끝입니다.
-황장엽-

북한의 핵위협에 언제까지 불안하게 살아야하는가!
1993년 북한 핵문제가 불거진후 20여년간 미국을 비롯한 주변 강국과 한국은 아무런 조치도 취하지 못하고 북한의 핵 개발에 필요한 시간과 지원만 해준 결과가 되었다.
지금도 북한의 핵개발을 저지해야할 직접적인 방책을 강구하지 못하고 시간만 보내고 있는 실정이다. 이런 가운데 북한은 조만간 핵의 소형화, 경량화, 다종화로 1000여기에 달하는 미사일에 소형 핵탄두를 장착하여 실전배치 시켜놓고 전면전 운운하면서 과감한 국지도발로 한국을 협박

할 경우 언론은 연일 북한의 핵 무기 위력을 보도함 으로써 국민들에게 공포심과 패배의식을 조장 할 것이며 30%에 육박하는 종북좌파세력과 회색분자들은 전쟁이냐, 평화냐로 국론을 분열 시킬려고 할 것이다.

군사적으로도 재래식 무기만 가진 군대가 핵무기를 가진 적과 과연 전쟁이 가능할까?

핵무장을 한 북한의 도발에 과감한 응징보복이 가능하겠는가?

북한의 핵투발징후가 있으면 선제 타격 할 것이라고 하는데 쉽지 않을 것이다.

투발징후를 확증 할 수 있는 정보 능력과 누가 징후를 자신있게 확증하고 신속하게 타격을 결심하여 통수권자에게 건의 할 것이며 통수권자는 즉각 시행을 명령할수 있을까?

이러한 일련의 과정에서 어느 한 사람이 신속하게 결심을 하지 못하고 우왕좌왕 하다보면 기습을 당하여 핵 무기의 가공할 피해로 상황은 끝나게된다.

북한은 절대로 핵을 포기 하지 않는다. 핵이 바로 북한의 체제와 직결되어 있으며 대남 적화 전략의 수단이기 때문이다. 북한이 미사일에 핵탄두를 장착하여 실전배치 하기전에 UN이나 미국, 중국의 협조도 중요하지만 우리가 주도적으로 어떤방법으로던 북한을 비핵화 시키든지 핵을 사용 할 수 없는 상황을 만들어야 한다. 아울러 북한의 체제 변화를 위해 모든 조치를 강구해야 한다.

군사적으로도 독자적인 정찰, 감시, 정보체계(KMD체계)와 미사일 방어 및요격체계, 타격체계를 시급히 갖추어야 한다. 시간이 없다. 세계10위권의 경제력을 가진 나라가 세계 최빈국인 북한의 핵위협에 언제까지 불안하게 살아야 하는가!

-윤용남-

핵을 머리에 이고 살 수 없다.

-박근혜-

핵을 가진 국가는 경제적으로는 어려움을 겪어도 정치, 군사적으로는 붕괴되지 않는다.
-김필재-

북한정권이 핵무기를 포기하면 미국 등이 김정일 체제를 보장해 주겠다는 말이 도대체 무슨 뜻인가? 민주국가들이 독재를 보장해 주겠다는 것인가? 이것이 민주주의인가?
-황장엽-

흥망성쇠

흥망성쇠요인

번영하는 국가들의 몇가지 주된 특성들은 발전에 대한 신념, 외부의 영향에 대한 개방성, 소비보다는 생산에 대한 욕구 그리고 국민에 의한 국민을 위한 정부다.
-데이빗 랜드(David S. Landes)-

지도층의 합리적 이성과 민중의 잠재적 에너지와 정열이 합일되면 국가 사회가 융성해지고 그것이 각각 분리되면 지도층의 이성은 공허해지고 민중의 에너지는 맹목에 치닫게 된다.
-한국정신문화연구원-

민족의 흥망을 결정하는 것은 경제력, 군사력, 국토의 크기가 아니라 도덕적 에너지다.
-랑케(Ranke)-

문신이 돈을 사랑하지 않고 무신이 죽음을 아끼지 않으면 천하가 평안하다.
-악비岳飛-

공허한 말은 나라를 망치고 실질적인 행동은 나라를 흥하게 한다.
-등소평鄧小平-

권선징악勸善懲惡이 인류의 생존과 진화의 법칙이고 문명의 바탕이다. 선악善惡의 투쟁에서는 언제나 선善이 승리하게 되어 있다. 그러나 그 승리가 지연되고 악惡의 지배가 장기화되면 가공할 피해가 발생하게 된다. 악惡의 무리를 제때에 처단하지 않으면 국가가 망하기도 하고 국민이 엄청난 피를 흘리게 된다는 것을 인류 역사가 생생하게 보여주고 있다.
-박승용-

한 국가가 200년이 되면 노화현상이 일어난다. 이러한 노화현상을 극복하기 위해 개혁이라는 수술을 시도하는데 대부분 기득권 세력의 저항과 지엽적인 개혁으로 부작용만 일으키고 혼란만 초래하여 나라를 쇠퇴하게 만든다.

과거와 현재가 싸우면 미래를 잃게 된다.   -조지 오웰(George Orwell)-

무능한 정권이 개혁 개방을 시도할 때가 가장 위험하다.

나라의 기강이 무너지면 법 집행이 문란해지고 종국에는 외침을 불러 들인다.

천하가 태평하더라도 전쟁을 잊으면 반드시 위태로워진다.天下雖安忘戰必危

동서고금을 막론하고 한나라의 존립과 흥망성쇠는 군대의 강약에 따라 결정됐다.

나라는 군사력과 경제력이 아니라 선악善惡의 기준이 무너질때 쇠락하는
법이다.   -김성욱-

위대한 나라는 젊은이들이 망치고 노인들이 회복시킨다.
                                      -키케로(Marcus Tulliees Cicero)-

모두가 세상을 바꾸려들지만 스스로를 바꾸려는 생각은 하지 않는다.
                                  -톨스토이(Lev Nikolayevich Tolstoy)-

난亂하면 악한 놈이 득세한다.

대중이 포퓰리즘(Populism)을 판별하지 못하면 포퓰리즘 정치인들이 판
을 치고 국력은 거덜난다.

간첩이 집권하면 충신을 죽인다.   -악비岳飛-

역사의 반추反芻

오늘을 사는 우리는 930여 회의 크고 작은 외세의 도전을 받으면서 나라
를 잃고 타민족의 가혹한 지배를 받았던 치욕스러운 역사를 기억하고 있
습니까? 역사는 오늘을 사는 거울이라고 합니다.

역사가 주는 교훈을 겸허하고 진지하게 받아들여 이를 잘 활용한 민족은
흥하였고 그렇지 못한 민족은 패망과 쇠퇴의 길을 걸었습니다. 한나라의
흥망성쇠는 외세의 침략과 같은 외부적 조건보다는 오히려 내부의 갈등
과 모순으로 패망해 버린 경우가 많았습니다.

우리 민족의 생명력이 강인하다고 하지만 내부의 화합과 결속이 없는 상
태에서는 그 강인함도 제대로 발휘되지 못했습니다. 우리는 오늘의 시대
상황을 꿰뚫어 보는 밝은 눈을 갖기 위해 그리고 불행한 역사를 되풀이하

지 않기 위해 험난하고 치욕적이었던 과거를 돌이켜 볼 필요가 있습니다.

1592년의 임진왜란을 어느정도 예견했음에도 당시 일본의 정세를 파악하고 온 통신사들도 '동인東人이다 서인西人이다'하는 당파싸움에 휘말려 머지 않아 조선을 침략할 것이라는 의견은 무시되고 전쟁을 일으키지 않을 것이라는 안일한 상황으로 대처했으니 어찌 왜란이 일어나지 않을 수 있었겠습니까?

백성을 보호해야할 임금과 사대부라는 조선의 지도층은 몽진蒙塵이라는 이름으로 도망가기가 급급했고 죄 없는 수많은 백성들만 도륙을 당하고 일본 땅으로 끌려 갔으며 귀중한 국보의 방화, 약탈은 말할 것도 없고 나라 전체가 황폐화된 치욕을 겪었으면서도 이를 잊어버리고 임진왜란 후 불과 50년도 못되어 또 다시 병자호란을 겪어야 했습니다. 그 때에는 망해가는 명나라에 대한 사대사상으로 저항다운 저항 한 번 제대로 해보지도 못하고 임금이 삼전도에 나가 청 태종에게 세 번 절하고 아홉 번이나 언 땅에 머리를 찧으며 대국에 항거한 죄를 용서해 줄 것을 간청하지 않았습니까?

이로 인하여 이 땅의 귀여운 딸들이 얼마나 많이 붙들려가 오랑캐의 성性 노리개가 되었으면 '화냥년還鄕女'이라는 말이 생겨났겠습니까!

국가 경제의 60~70%를 조공으로 바치느라 백성들이 얼마나 많은 피와 땀을 흘렸습니까! 이렇게 양란을 겪은 후에도 조선의 지도층들은 아무런 대비도 없이 외부의 적을 잊고 고질적인 당쟁에만 휘말려 있었습니다. 조선 말기에 와서도 지도층은 임진왜란, 병자호란, 동학란 등 국란이 주는 역사적 교훈을 거울삼아 국가 안위와 직결된 부국강병에 힘쓰지 않고 외세 의존, 사대주의 근성과 파벌싸움, 지도층의 분열 등으로 많은 내홍을 겪었으며 그 중에서도 외세의존 정신의 팽배와 정권 다툼이 극도에 달했으며 착취와 수탈이 자행되고 지도층의 도덕적 타락으로 36년간 나라를 잃고 타민족의 가혹한 지배를 받는 화를 자초하였습니다.

남의 힘에 의한 해방과 동시에 통일된 나라의 기틀을 잡기에 여념이 없어야 할 시기에도 공산주의다, 민주주의다, 찬탁贊託이다, 반탁反託이다, 친소다, 친미다 하며 허구한 날들을 정쟁과 정권 다툼으로 지새다가 결국에는 민족 최대의 비극인 동족 상잔의 전란을 겪었습니다.

이와 같이 되풀이해온 민족의 수난사를 조명해 보면 어떤 공통적인 현상을 발견할 수 있습니다. 정쟁, 국론분열, 지도층의 책임의식과 솔선수범정신 결여, 부정부패, 부국강병 소홀, 외세의존 등으로 50~60년을 주기로 국난을 당했습니다. 이 같은 역사적 공통현상이 이땅에 동족 상잔의 포화가 멎은지 60여 년이 지난 오늘날에도 치욕적인 역사의 공통적인 현상과 어쩌면 이렇게도 비슷한 현상이 만연되고 있는지 불안한 생각을 지울 수가 없습니다. 우리를 둘러싸고 있는 주변 강대국들은 부국강병을 위해 잠시도 쉬지 않고 움직이고 있으며 동족인 북한지도층은 인민을 굶겨 죽이면서도 대남 적화 야욕을 버리지 않고 우리의 내부 분열을 조장하고 있는 현상황을 이땅의 지도층들과 국민들은 어떻게 인식하고 있습니까?

생존은 스스로 지키고자 하는 강한 의지와 힘이 있어야만 보장됩니다. 국가안보에 문제만 있으면 미국을 찾는 대미 의존적 태도도 과연 바람직한지 한 번 생각해봐야 할 것입니다. 우리의 생명은 우리가 지켜야지 우리의 생명을 누구에게 맡길 것이며 누구에게 우리의 생명을 지켜 달라고 애원할 것입니까? 자위 능력이 부족한 상태에서 돈으로 평화를 사면 인질이 되고 자위를 의탁하면 속국이 되며 남의 힘에 의해 지켜지는 국가와 국민은 민족의 정기를 가질 수가 없고 혼(국민정신)이 빠진 국민의 국가는 패망하게 되어 있는 것이 역사의 진리입니다. 베트남과 캄보디아의 패망에서 보지 않았습니까! 내부 분열과 혼란 그리고 외세 의존이 어떠한 결과를 초래했는지 잘 기억하고 있을 것입니다.

한 국가의 지도층은 국민들에게 그 사회의 공동의 이상과 목표, 갈 길을 제시해 줄 수 있는 능력을 가져야 하며 또한 공동체 안에서 이루어지고 있는 온갖 종류의 사회적 활동들을 조정하고 조화시켜 갈등을 해소하는 능력을 보여주어야 합니다. 지도층은 공동체를 내부의 혼란과 부패 그리고 외부의 위협과 침공으로부터 보호하는데 일차적인 책임의식을 가지고 파괴적인 도전에 솔선수범하는 자세와 행동으로 대응해야지 지도층이 분열되고 공직자가 무사안일을 추구한다면 아무리 물질적인 발전을 성취해놓고 국제적 지위를 높여 놓았다고 하더라도 머지않은 장래에 퇴영의 길에서 탈피하기 어렵습니다.

또한 지도층들이 국가와 민족, 인권, 자유를 위한다는 명분을 내걸고 뒤에서는 철저하게 지역, 당파 등의 패거리 이익을 위해 국가의 기능을 이용한다던지 자기의 출세나 영달을 위해 조직과 직책을 이용하고 거짓말과 부정한 행위, 군림하는 자세, 남을 해하는 행위 등으로 갈등과 분열을 조장해서는 안되며 오로지 국민의 정신적 사표로서 국가와 국민을 위해 헌신, 봉사 해야 합니다.

우리 국민들도 진정한 민주주의 가치관과 의무를 다하고 있는가를 묻고 싶습니다. 자신의 요구와 행동은 민주주의적인 행동과 요구를 하면서 타인 특히 지도층과 가진자에 대해서는 사회주의적인 마인드를 가지고 있지 않은지 한 번 생각해 보아야 할 것입니다.

분명 민주주의란 기회의 균등이지 능력의 균등이 아닙니다. 일부 부도덕한 지도자도 있지만 지도층에 있는 많은 분들은 분명 능력을 가진 사람들입니다. 이러한 지도층에 있는 분들을 존경하고 따라야지 자기보다 지위가 높고 가진 자에 대해서 심정적으로 배타하는 자세는 고쳐야 합니다. 또한 국가와 사회의 발전보다 자기 개인에게 불이익이 온다고 생각하면 무조건 반대만 한다면 더불어 살아가는 우리의 공동체는 어떻게 되겠습니까? 우리 모두는 우리가 몸담고 있는 국가와 사회라는 공동체와 더불어 살아가야 합니다. 우리가 사는 이 시대는 분명 하루가 다르게 주변 환경이 빠르게 바뀌어 나가고 있습니다. 이러한 환경에서 살아남기 위해서는 지도층과 모든 국민이 똘똘 단합하여 국력을 최대화시켜 대비해 나가야 합니다. 이를 위해 우리는 국가와 사회의 개혁도 중요하지만 이에 앞서 우리 각자의 가치관과 마음의 자세부터 개혁해야 합니다. −윤용남−

오욕의 역사를 반면교사로 삼지 못하는 국민은 또다시 오욕의 역사를 자신이 만든다.

역사에서 교훈을 구하고자 한다면 자국의 역사보다 더나은 스승이 없고 핏줄을 이어받은 선조의 시행착오보다 더 효율적인 반면교사가 없다.

-오인환-

과거를 기억하지 않는 자는 그 아픈 과거를 다시 한번 체험하도록 벌 받게 될 것이다.　　　　*-유태인 강제수용소 닷하부 기념관-*

조선은 처음부터 주자학과 사대주의라는 불구의 몸으로 태어나 용케도 500년이라는 긴 세월을 유지해 왔고 마지막에는 늙고 병들어 제 몸도 가누지 못하고 쓰러졌다. 왜 망했는가의 근본 원인을 제대로 인식해야 한다.

지도층의 노블레스 오블리주noblesse oblige

지배층이 안보문제를 등한시하면 내부의 권력 투쟁에 몰두하게 되고 그 결과로 국제 정세에 무관심하게 된다. 권력투쟁은 죽느냐 사느냐의 문제이기 때문에 외적의 침략에 단합하여 대항하기보다는 적전 분열을 일으키는 경우가 허다하다.　　　　　　　　　　　*-김충남-*

주체적 근대화에 실패하고 국권을 상실했던 것은 지도층이 주체 의식 속에서 단결하지 못하고 외세가 우리의 내부까지 침입하여 국론을 분열시켰기 때문이다.

꼬리부터 썩기 시작하는 생선은 없다. 머리가 먼저 썩는 법이다.

-강천석-

이스라엘 안보에 가장 위험한 적은 안보에 책임있는 자들의 지적타성知
的惰性이다.   -벤 구리온(David Ben-Gurion)-

공인公人의 5적敵
無理念 唯生存(아무 생각과 견해도 없이 자리만 지킨다)
無自尊 唯隸風(책임과 긍지도 없이 권력자에 매달려 쉽게 권한만 행사
         한다)
無名聲 唯守職(명성과 명예에는 관심이 없고 오로지 직책만 지킨다)
無業績 唯我得(일은 피하고 될 수 있는 대로 많은 이득만 취한다)
無主業 唯副業(장관은 선거구 관리, 국회의원은 돈벌이, 교수는 당과 기업
         에 고용, 학교는 비어있다)   -이동희-

목숨을 걸고 민족과 개인의 명예를 지키고 그 결과에 책임을 진다는 전
통이 없는 지도층에 노블레스 오블리주를 기대할 수 없다. 국민을 지켜주
지 못하면 권력의 정당성이 상실되고 그런 권력층과 국민 사이엔 착취,
경멸, 저주, 불신만 쌓인다. 그런 가운데서 올바른 공직자-시민, 정부-국
민 관계가 생길리가 없다. 무사武士, 기사騎士집단이 나라를 세우고 이끌었
던 영국, 독일, 프랑스, 일본의 공직자-국민관계와 문약한 지식인들이 지
배했던 조선의 공직자-국민 관계를 비교해 보면 알 수 있다. 조선의 지
배층이 불신당한 가장 큰 이유는 착취에만 있는 게 아니라 국민을 지켜
주지 못하면서 즉, 주는 것 없이 가져가기만 했기 때문이다.   -조갑제-

병자호란의 삼전도 치욕 이후 고관 대작들이 나라를 지켜 내지 못한 울
분과 반성 때문에 사직을 한 것이 아니라 왕위를 계승할 소현세자가 볼
모로 끌려 가는데 청나라에서 판서자식들을 인질로 데려가겠다고 하자
앞다퉈 자리에서 물러나려 했다.

외세의존

자위할 능력이 없는 국가는 국가도 아니며 더욱이 타국의 힘에 의존하여 지켜지는 나라는 국격이 다르고 정신이 다르며 국민의 질이 다르다.

외국 군대가 주둔하여 국가 안보를 도와주면 국민들의 정신상태가 해이해지고 특히 사회지도층의 정신적 폐해가 나타난다.

－시프(이스라엘 HAARETZ 일간지 국방부장)－

강대국의 힘을 믿고 이웃나라를 가볍게 여기면 나라가 위태롭다.

－한비자韓非子－

우방국은 전쟁 당사국의 단순한 희망대로 협조하는 것은 아니다. 국제 관계의 본질상 그런 협조는 약간 뒤늦은 국면에서 제공되거나 균형이 무너진 뒤 그 회복을 위해서 지원되는 경우가 허다하다.

－클라우제비츠(Clausewitz)－

귀하는 물론 귀하의 위대한 조국인 미국이 이런 고통을 겪었으리라고는 믿지 않습니다. 당신들은 우리를 보호하기를 거부했고 그래서 우리는 어떻게도 할 수가 없게 되었습니다. 내가 당신들 미국인을 믿은 단 한 가지 과오를 저지른 죄로 내가 사랑하는 이 곳 산하에서 죽어야 한다는 사실이 얼마나 애통한 일인가를 기억해 주십시오!

－미국의 Cambodia 대사 "딘"이 Cambodia 마지막 수상 '치리아 마다크'
에게 탈출을 권유시 수상이 미대사에게 보낸 편지－

경제력에 있어서 수십 분의 일에 불과한 북한을 상대하면서 외국군에 자국의 안보를 위해 도움을 받고 있으면서도 고마움이나 문제 의식을 갖지 못하는 한국의 지도층과 국민을 어떻게 보아야 하나? *－윤용남－*

베트남전은 자력自力과 타력他力의 대결이었다. 오랜 해방전쟁을 통해 축적된 민족주의와 공산주의 이데올로기로 무장된 북베트남(월맹), 그들은 자신의 운명을 스스로 결정할 수 있는 자력을 갖고 있었다. 그러나 미군에게 나라의 운명을 맡긴 월남은 타력의 표본이었다. 어느날 갑자기 평화협정이라는 휴지 한 장을 남기고 미군이 베트남을 떠나자 타력에 의존해 온 월남은 패망했다. 무능과 부패, 권력투쟁, 북베트남과 통일전선을 펴고 있던 좌파 민족 세력 준동, 그에 편승한 반정부 데모와 승려들의 분신자살로 사회의 통합력은 찾아 볼 수도 없고 지도력 부족과 정치 불안의 소용돌이 속에서 자위 능력을 갖출 수가 없었다.

감상적인 평화주의

전쟁을 대비하여 준비하는 것은 평화를 유지하기 위한 가장 효과적인 수단의 하나이다.　　　　　　　　　　　　　　*-조지 워싱턴(George Washington)-*

만약 그대가 평화를 원하거든 전쟁을 준비하라.　*-베게티우스(Vegetius)-*

평화는 자기자신을 지키지 못하는게 가장 큰 문제이다.
적을 앞에 두고 평화를 선택하는 민족은 자유를 누릴 권리가 없다.
　　　　　　　　　　　　　　　　　　　　　-마키아벨리(Machiavelli)-

평화란 구걸하고 애원해서 얻어지는 것이 아니라 싸워서 지키는 것이다. 세계문명사에서 전쟁을 두려워하고 굴종된 평화를 얻겠다는 국가 중 자유와 평화를 지킨 나라는 하나도 없다.　　　　　　　　　　*-유동열-*

평화는 물러서지 않고, 공갈협박에 넘어가지 않고, 희생을 각오하고 싸워서 지켜야 하는 것이다.

평화의 기분에 사로잡혀 정신적으로 무장해제된 상태는 외세에 침략의
기회를 준다.   -황장엽-

인간의 본성은 전쟁을 불가피한 것으로 만들고 있다. 인간의 본성이 바뀌
기 전에는 전쟁은 지구 위에서 절대 사라지지 않을 것이다. 평화를 찬양
하는 연설은 국가 방위에 아무 쓸모가 없다. 듣기 좋은 평화의 복음은 군
사적 필요를 충족시키려는 노력을 마비시킨다는 것을 알아야 한다.
        -호머 리(Homer Lea)-

비겁한 평화에 기대는 것은 바로 전쟁의 초대장이다.

아무리 나쁜 평화라도 전쟁보다는 낫다는 말은 무장해제의 선동 구호이다.

고통을 피하기 위해 치욕적인 평화를 선택하는 비겁한 자들보다 안락을
추구하는 것을 경멸하고 모험과 도전, 고통스러운 투쟁과 경쟁을 통하여
자신을 지켜내고 자신에게 의지하는 사람을 지켜주어야 한다.
        -루즈벨트(Theodore Roosevelt)-

평화를 수호하기 위해서는 평화주의에만 의거해서는 안된다. 미친개와
맨손으로 싸운다는 것은 무모한 일이다.   -황장엽-

화해를 구하는 것은 역량을 비축하기 위한 수단이며 평화는 전쟁 준비를
위한 일종의 휴식 방법이다.   -레닌(Lenin)-

평화공존은 결코 계급 투쟁의 포기나 타협을 뜻하는 것이 아니다. 평화
공존이란 국제 무대에서 프롤레타리아의 치열한 정치, 경제, 이데올로기
투쟁의 한 형태다.   -후르시쵸프-

어떤 사람들은 공산주의자들이 평화공존을 주장하는 것을 보고 그들이 이제는 비인간적인 이념을 포기했다고 말한다. 천만의 말씀이다. 그들은 단 일보도 포기하지 않았다.
-솔제니친-

외침으로부터 자신의 나라와 국민을 지킬 힘이 부족하여 승리에 대한 확신을 가지지 못하거나 이상한 환상에 젖으면 평화라는 구호를 외치기 마련이며 이렇게 되면 평화를 돈으로 사서 인질이 되든지 힘있는 자에게 의탁하여 속국이 되는 것이 역사적인 철칙이다.
-윤용남-

평화를 사랑하기 때문에 한 번도 외국을 침략하지 않았다는 것을 자랑으로 삼고 있는데 그러면 평화를 사랑한 민족이 왜 평화롭게 살지 못했나! 이는 전쟁을 결심할 용기와 능력이 없기 때문에 평화를 선택한 것이다.
-조갑제-

국가정책이 너무 평화, 평화 하면 전쟁을 부정하고 군을 기피하며 군비를 축소하고 자주국방의 기틀인 방위 산업을 등한시 하는 풍조가 만연한다. 우리가 국제 사회에서 국가간의 이해 관계를 따지고 자위적 목적에서 전쟁도 하고 침략도 해본 경험이 있어야 살벌한 국제무대의 현실을 이해할 텐데 그런 경험이 없기 때문에 지식인들이 오직 평화만이 절대 선善이라며 스스로 무장해제를 하는 듯한 발언을 하는 것이다.
-이병형-

인간들 사이의 자유없는 평화, 혹은 정의 없는 자유가 무슨 가치가 있겠는가? 평화라는 이상은 나태하고 편안한 삶으로 유혹하는 것들과 지나친 공생 관계를 유지해서는 안된다. 평화라는 이상은 실천이라는 미덕을 동반해야 한다. 지금 우리가 즐기고 있는 평화는 인간 내면의 야수와 싸워 얻은 평화이며 만일 그 평화를 쟁취하고 유지한 미덕들이 상실되면 그 승리도 더는 승리가 아닐 것이다.
-몽고메리(B. L. Montgomery)-

평화는 의지 대 의지, 힘대힘, 이념 대 이념이맞서는 유쾌하지 않은 과정을 통해서만 가능하다.   *-케넌(George. F Kennan)-*

약속을 지킨적이 없는 악당과의 평화조약은 악당에게만 유리하다는 것이 역사가 가르쳐주는 교훈이다.   *-황성준-*

평화는 돈으로 살 수 있는 것이 아니다. 평화를 판매한 사람은 그 후 다시 사도록 강요 할 수 있는 보다 유리한 위치를 선점하게 된다.

                           -몽테스키외(Charles de Montesquieu)-

망국의 원인

한 나라의 흥망성쇠는 외세의 침략과 같은 외부적 조건보다는 오히려 내부의 갈등과 모순으로 패망해 버린 경우가 많으며 내부의 모순이란 국론분열, 위정자와 공직자의 무이념, 무소신, 무자존, 부정부패, 지도자의 도덕적 타락, 청소년의 방종, 지도자와 국민간의 불신과 괴리 등이다.

                           -아놀드 토인비(Arnold J. Toynbee)-

한 왕조가 멸망하거나 외침을 당한 것은 대체적으로 정권 다툼이 극도에 달하여 정권의 통합성과 안전성이 없을 때나 착취 혹은 수탈이 자행되고 지도층이 도덕적으로 타락해 있을 때의 일이다.   *-한국정신문화연구원-*

로마 등 역사적으로 멸망한 나라들에서는 부정부패와 상층부의 독선이 만연했다.

문명국의 몰락이 적의 직접 공격에 의한 것이 아니라 전쟁에서 국력 탕진의 결과와 결합된 내부 붕괴에 의한 것이라는 것이 역사적 경험에 의해서 여전히 입증되고 있다.   *-리델 하트(B. H. Liddell Hart)-*

아테네인들은 스스로 사회에 기여하기를 원치 않았고 그 사회로부터 기여받기를 원했으며 또한 그들이 가장 원했던 자유가 자기의 책임으로부터의 자유였음을 알았을 때 아테네는 자유를 잃고 다시금 자유를 얻을 수 없게 되었다.

-에드워드 기번(Edward Gibbon)-

관자管子의 9가지 망국병

1. 국방을 게을리할 때
2. 무차별 평화 주의가 이길 때
3. 쾌락주의가 세상에 만연할 때
4. 정치가 겉으로만 번지르한 억지 이론에 휘말릴 때
5. 금권주의에 물들어 돈많은 사람이 판을 칠 때
6. 사람들이 이념이 아니라 이해에 따라 도당을 꾸미고 파벌끼리 세력 다툼을 일삼게 될 때
7. 위, 아래 할 것 없이 모두가 사치 풍조에 젖을 때
8. 인사가 정실에 흐르고 감투를 끼리끼리 돌려가며 차지할 때. 이런 때에는 권력이 법 위에 눌러 앉고 능력이 없는 자들이 득세 하며 뇌물이 사회를 속속들이 부패시킨다.
9. 아랫사람이 윗사람에게 아첨을 일삼고 진실로부터 위정자의 눈을 가릴 때. 이런 때에는 잔꾀, 잔재주를 부리는 졸개들이 나라 살림을 좌지우지하게 된다.

한비자韓非子의 3가지 망국조건

1. 옳고 그름을 분간하지 못하는 사람들이 백성을 다스리는 것
2. 바르지 못한 생각을 갖고 있는 사람들이 바른 생각을 갖고 있는 사람 위에 올라 앉을 때
3. 도리에 어긋나는 짓을 하는 사람들이 어긋나는 도리를 사람들에게 강요할 때, 다스리는 자와 다스림을 받는 자 사이의 고리가 불신과 증오

로 채워질 때 국운은 기울어 진다.

증국번曾國藩의 3가지 망국징조
1. 무엇이건 흑백을 가릴 수 없게 되는 것(도피적, 영합적으로 애매한 변명이나 태도를 취하는 지식인의 행동만연).
2. 선량한 사람들이 갈수록 조심스러워지고 하찮은 녀석들이 더욱 설친다.
3. 이것저것 다 일리가 있다는 이해할 수 없는 우유부단한 행동.

부정부패는 도적을 부르고 도당을 짜서 탐관오리가 횡횡하면 난리를 부르고 파벌은 망국의 근본이다.
-삼략三略-

내분이 일어난 집안은 지탱할 수 없다.
-성경, 링컨(Lincoln)-

국가가 멸망하는 것은 피할 수 없는 이유가 있기 때문이 아니다. 다만 국민이 국가가 멸망의 상태로 넘어가는 것을 알면서도 예방할 수단과 행동을 취하지 않기 때문이다.
-호머 리(Homer Lea)-

국가가 마지막으로 불명예스럽게 인류로부터 영원히 떠나는 것은 바로 무지의 만용을 지닌 기생충들이 국가의 주도권을 장악할 때이다.
-호머 리(Homer Lea)-

조선조는 부정부패한 지배 세력의 힘이 강력했고 이들이 국가를 수탈 기구로 만들어 가렴주구 등으로 국력을 형편없이 만들었다. 당쟁과 쇄국으로 역사와 세계에 대한 통찰력과 자주적이고 통합적인 정치 구심력이 소멸되었다. 훌륭한 외교관과 국방력을 기르지 못해 결국 국력과 국격의 쇠진으로 망했다고 믿는다.
-함석헌, 배기찬-

조선의 통치이념이었던 주자학은 도덕정치의 선비정신을 강조함으로써 문文을 숭상하고 무武를 천시하는 사상이 문약文弱으로 흘러 스스로 지키고자 하는 자주국방을 포기하고 중국에 의탁했다.　　　　-장학근-

미국공사 알렌은 "이 나라 (조선)국민들은 스스로 통치할 능력이 없다. 한국인들은 지배 감독자가 필요하다. 지난 2천여 년간 대부분 중국의 지배를 받았고 중국의 집권 세력이 망하자 러시아에 잠시 의탁하다가 일본의 지배를 받았으며 결국 나중에는 미국이 그 자리를 대신했다"고 했다. 1842년 중국인 '황쭌셴'은 『조선책략』을 통해 조선의 외교, 국가 전략을 제시했다. 당대 김옥균을 비롯한 국내 개화파도 시대 요구에 근접하는 전략을 제시했으나 국민의 힘이 아닌 외세에서 힘을 구하였다. 결과적으로 국민의 힘에 의한 부정부패 척결과 부국강병으로 자주외교 노선을 걷지 못한 것이 운명인가? 그렇지 않으면 자립성이 부족하여 남에게 의지하는 것이 우리의 민족성인가?　　　　-배기찬-

조선의 지도층이 일치단결하여 한 목소리를 내지 못한 데는 조선인이 분파주의적 습성이 강하고 자기 주장을 너무 강하게 내세우며 다른 사람의 의견을 존중하지 않고 상호 협력하는 자세가 결여되어 있기 때문이다. 그것은 스스로 반성해야 할 문제점이다.　　　　-이덕주-

1894년 7월 일본군에 의해 불과 30분 만에 경복궁이 점령되고 왕은 일본군의 포로가 되고 말았다. 이는 동서고금에 처음 있는 일이다. 이 사건으로 조선이 외세의 침략을 저지할 능력이 전혀 없다는 것이 입증되었으며 자신의 힘으로는 자주 독립을 할 수 없다는 것이 내외에 공포되었다. 일본군에 패배한 청나라는 이미 조선을 구제하기는 커녕, 자국의 안전도 지키지 못하는 입장이 되었다. 러시아의 세력이 일본을 견제하지 않았다면 그 시점에서 조선은 멸망했을 것이다.　　　　-이덕주-

집안이 불화하면 망하고 나라 안이 갈려서 싸우면 망한다. 동포 간의 증오와 투쟁은 망조다. 우리의 용모에서는 화기가 빛나야 한다. 우리 국토 안에는 언제나 화창한 봄 기운이 가득해야 한다.　　　　　-김구-

국가는 먼저 스스로를 해친 연후에 남이 쳐들어 오는구나! 아! 슬프다.
　　　　　　　　　　　　　　　　　　　　　-매천 황현-

외부의 적이 해낼 수 있는 최대의 역할은 하나의 사회가 자살을 시도하면서 숨소리가 멎지 않을 때 최후의 숨통을 누르는 것 뿐이다.
　　　　　　　　　　　　-아놀드 토인비(Arnold J. Toynbee)-

월남 패망의 원인은 단순한 지도부의 무능이나 군사적 실패, 또는 미국 원조의 단절에 있었던 것이 아니고 국가 내부의 사상과 의지의 불통일과 분열로 인한 국체國體의 공동화空洞化에 있었던 것이다. 결과적으로 국가의 모든 기관과 조직에 깊숙이 침투한 베트콩(월남공산주의자)에 의한 내부로부터의 와해 공작과 외부로부터의 군사적 압력으로 붕괴되고 말았다.　　　　　　　　　　　　　　　　　-유양수-

미국의 월남전 패전 원인
1.남부 베트남의 부패, 사회혼란, 지도력의 빈곤
2.미국 워싱턴 정부를 지배하고 있는 민간관리들의 부당한 간섭과 주저, 외교정책 수립자들이 빠지는 공산주의자들과의 협상함정
3.미국의 여론을 반전 방향으로 유도한 언론의 편향보도와 미국의 진보 성향의 무책임한 여론 형성
4.돈주머니를 틀어쥐고 월남 원조에 개입한 의회의 견제 등 미국체제 내부의 모순에 기인하고 있다.
　　　　　　　　　　-웨스트모어랜드(William C. Westmorland)-

프랑스가 망한 원인

1. 평화지상주의가 프랑스의 국가 수호 의지를 약화시켰다.
2. 소련을 조국으로 삼는 사회주의자들이 국가를 분열시켰다.
3. 군대가 정치에 종속되어 재무장을 제대로 할 수 없었다.
4. 영국과 프랑스를 이간시킨 나치의 선전전이 효과를 보았다.
※ 좌익들의 평화지상 무드에 정치권이 넘어가 군비증강을 제대로 할 수
   없었다.
                                                    −앙드레 모로아−

품위있는 나라

품위있는 나라를 건설하기 위해서는

첫째, 모든 국민 특히 엘리트 지도층의 정신에 기개가 있어야 한다.
둘째, 국가의 최고 지도 이념은 공정公正이어야 한다.
셋째, 정부는 해야 할 일은 반드시 해야 한다. 결정된 정책은 당초 결정된
대로 강력히 집행해야 국민이 신뢰한다.
넷째, 재벌의 기업경영에 부도덕성과 천민성이 지양되어야 한다.
다섯째, 모든 국민은 최적자에 의한 강력한 지도를 원한다.
지배자(Ruler)가 아닌 지도자(Leader)가 현대 정치의 성격에 맞는 최적자
이며 이 최적자는 정열, 책임감, 판단력의 자질을 가져야 한다.
여섯째, 근로자들은 욕구충족을 위한 불법행위나 폭력 행사를 자제해야
한다.
                                                    −박봉환−

부자들을 숙청하고선 가난한 사람을 도울 수 없다. 고용자를 내려 앉히면서 피고용자를 올려 세울 수는 없다.   —에이브라함 링컨(Abraham Lincoln)—

부유한 사람을 때려 잡아도 가난한 사람이 부유하게 되는 일은 없다.
—마가릿 대처(Margaret Thatcher)—

우리가 추구하는 사회

정의로운 사회란 상식이 통하는 사회이며 상식이 통하는 사회란
1. 상대적 약자가 보호받는 사회
2. 누구에게나 공정한 기회가 보장되는 사회
3. 각자 자신의 위치에서 본분을 지키며 자기 역할에 최선을 다하는 사회
4. 철든 사람, 철든 정치인이 많은 사회
5. 죄지은 사람은 반드시 벌을 받고 죄 없는 사람이 벌을 받는 일이 없는 사회
—하두철—

우리가 추구하는 사회
1. 안정된 사회
2. 활력이 넘치는 사회
3. 다양성이 인정되는 사회
4. 누구나 꿈을 가질 수 있는 사회
   개인의 창의가 존중될 것
   각자가 장래에 대한 예측 가능성이 있을 것
5. 중산층이 중후重厚한 건강한 사회
   일하는 것이 즐거움이 될 수 있을 것
   힘 있는 사람의 욕구의 자제
   힘 없는 사람의 절도 있는 복지사회 추구
—박봉환—

건전한 민주 시민이란

1.인간의 기본권을 존중할 줄 알아야 하고
2.사익보다 공익을 위하여 협동하고 봉사하는 정신을 가져야 하며
3.자유를 누리는 동시에 책임도 질 줄 알아야 하며
4.법을 존중하고 지키는 것을 생활화하고
5.지적 방법에 대한 신념을 가지고 유능하게 구사할 줄 알아야 하며
6.자치 생활에 책임있는 참여를 할 줄 아는 사람을 의미한다.

새 공동체사회 조성

1.정부의 신뢰성 제고
  · 정부정책의 일관성, 정책집행의 형평성
  · 각종 모순된 제도 개선
  · 공직 사회의 투명성과 공직자의 부정부패 근절
  · 계층간, 지역간의 갈등과 불균형 해소
  · 법치와 법집행의 공정성, 기회의 균등이 보장되는 공정한 정의 사회구현
2.공정사회를 통한 건전한공동체의 재구축과 시민교육
  · 공직자와 일반 시민의 윤리의식 강화
  · 준법정신과 질서의식 함양
  · 더불어 사는 지혜와 이점을 습득하도록 해야함
  · 사회지도층의 도덕성과 솔선수범과 의무의 실천
  · 지역학교, NGO, 주민자치단체를 통한 공동체 의식함양

건전한 공동체 유지와 법치

지도층이 부패하면 좌경 선동세력이 뿌리를 깊게 내리고 민주주의가 작동을 멈추며 계층, 지역간 갈등의 증폭으로 국민들의 애국심이 해체된다. 공직자는 깨끗한 만큼 용감해질 수 있고 부자들이 공익을 위해 돈을 쓰면 국민들로부터 박수를 받는다. 부자는 베풀어야 하고 권력자는 청빈

해야 한다. 이것이 공동체를 유지하고 계층간의 갈등을 해소하며 법치와 법 집행의 공정성으로 건강한 대한민국을 건설하여 젊은층과 빈곤층들이 좌경화가 되지 않도록 해야 한다.

지도자는 개인의 욕구보다 공동체의 발전을 추구해야 한다. 자신은 안락을 추구하면서 공동체 안락에 대한 위협에는 침묵하는 위선, 사실보다 허위를 앞세우는 선동, 그리고 문제의 본질을 모르고 방황하는 미망迷妄, 이 3가지는 공동체에 가장 해로운 것이다.   −김진−

사회악 9가지
1. 원칙 없는 정치
2. 일하지 않고 누리는 부富
3. 양심 없는 쾌락
4. 인격 없는 지식
5. 도덕 없는 상행위
6. 희생 없는 신앙
7. 인간성 없는 학문
8. 용기 없는 지도층
9. 교양 없는 국민   −간디(Gandhi)−

우리는 너무 오랫동안 많은 어린이들에게 이렇게 잘못 가르쳤다고 생각합니다. "내 문제는 정부가 해결해주어야 한다. 내게 문제가 있지만 정부를 찾아가면 경제적 지원을 해줄것이다. 나는 집이 없다. 정부가 집을 마련해 주어야 한다"는 식이지요. 그들은 자신들의 문제를 사회에 전가하고 있어요. 그런데 사회가 누구예요? 사회? 그런건 없습니다! 정부는 사람들을 통해서만 일을 할 수 있습니다. 사람들은 먼저 스스로를 도와야 합니다. 스스로를 돕고 이웃을 돕는 것은 여러분들의 의무입니다. 삶이란 것은 주고 받는 것! 주는 것 없이 받을 생각만하면 안됩니다.

-마가릿 대처(Margaret Thatcher)-

정치는 인덕으로만 되지는 않는다. 백성들의 본성은 고생을 싫어하며 안일을 좋아하고 사랑해주면 오만해지고 법을 따르고자 하지 않으며 권세에는 굴복한다. 그러므로 현명한 군주는 나라를 다스릴 경우 상賞을 명시하여 백성을 격려하고 형벌을 엄격히 하여 백성을 법에 순종하도록 해야 한다.

-한비자韓非子-

옛날 사람들은 소박하고 덕德스러웠는데 오늘날의 사람들은 약삭빠르고 위선적이다. 그래서 옛날에는 덕을 앞세워 다스렸으나 오늘날에는 형벌을 앞세워 법대로 하는 것이다.

-상앙商鞅-

성군聖君은 나라를 통치할 때 법에 의존할 뿐 양식良識에 의존 하는 일은 없다.

-관중管中-

혼란한 나라는 법이 혼란해서가 아니고 법이 쓰여지지 않아서도 아니며 오직 법이 제대로 시행되지가 않아서이다.

-상앙商鞅-

당파를 지어 서로 비방하는 행위를 깨부수고 교묘하고 헛된 말을 제지하고 법에 맡기면 나라가 잘 다스려진다.

-상앙商鞅-

좀벌레가 많으면 나무가 부러지고 틈이 크게 벌어지면 담장이 무너진다. 따라서 주군은 법에 의거하고 사사로움을 제거하여 나라에 틈이 벌어지거나 좀벌레가 끓지 않도록 해야 한다.

-상앙商鞅-

법은 일반 국민을 위한 법이 되어야지 기득권 세력의 유지를 위한 법이 되어서는 안된다.

법과 규정이 힘있는 자에게는 뒤따라가고 힘없는 자에게는 앞서가서는
안된다.

내부의 적이 자유에 대해선 더 위협적이고 더 싸우기 어려운 상대이다.
거짓과 불법으로 법치를 무너뜨리려는 세력은 민주주의의 적이다. 국민
이 민주적 절차를 통하여 선택한 이 정부가 거짓과 폭력에 굴복할 수는
없다. 민주사회에서 가장 불의한 짓은 법치에 대한 도전이다. 민주사회에
서 가장 정의로운 행위는 법을 지키는 것이다.
−마가릿 대처(Margaret Thatcher)−

나라가 잘 다스려지는 것은 법과 신뢰, 권력 때문이다.   *−상앙商鞅−*

위험의 씨앗은 대개 무질서라는 토양에 심어진다.
−마가릿 대처(Margaret Thatcher)−

개인의 범죄 경향이 사회에 만연되면 법에 대한 불복종은 개인 뿐만 아니
라 집단으로도 나타날 수 있다. 법에 대한 복종의 거부가 개인일 경우 그것
은 어떤 형태든 범죄가 된다. 그러나 국민의 일부가 전체에 대항하는 집단
적 거부일 경우 그것은 반란이다. 그리고 같은 형태가 국제법과 국제 관행
에 맞서 집단으로 일어났을 때 그것은 전쟁이다.   *−호머 리(Homer Lea)−*

지도자와
리더십

리더십

리더십의 정의는 '다른 사람에게 영향을 끼쳐 그들이 자신의 능력을 최대한으로 발휘함으로써 어떤 임무나 목표를 성공적으로 달성하도록 하는 기술' 이다. 이러한 정의에 입각해보면 리더는 다른 사람의 능력을 어떻게 최대한으로 발휘하도록 만들 것인가가 리더십 발휘의 핵심이라는 것을 알 수 있을 것이다. 리더는 권한과 권위를 가지고 어느 한 쪽에 너무 치우치지 않도록 적절히 융합시켜 조직원을 리드해 나가되 조직의 가치, 조직원의 욕구와 능력, 조직이 처한 사회 환경과 당면 상황등을 고려하여 이에 맞는 리더십을 구사해야 한다. 여기에서 말하는 리더의 권한이란 위협과 보상의 권력을 말하며 권위는 개인적인 능력과 인품, 인간적인 매력을 말한다.

권력은 중요한 직책이 주어지면 자동적으로 주어지는 것으로서 어떤 목표를 수행하기 위해 아랫 사람의 신상에 두려움을 주어 조직을 움직이게 하는 것이다. 그러나 권력으로만 사람들이 따라 온다고 생각하면 오산이다. 권력은 필요조건이지 충분조건은 아니며 어떻게 행사 하느냐에 따라 잘못 남용하면 조직이 소멸되고 절대적인 권력은 절대적으로 부패하며 권위가 희박한 사람일수록 권력에 매달리는 경향이 강하다. 권위는 인격이나 개인적인 자질과 관련되며 개인의 능력과 식견, 인간적인 매력에 의해 뒷받침되는 것으로써 자발적으로 말을 듣게 만드는 것이다. 따라서 리더는 아랫사람들이 사랑과 흠모, 친숙을 느낄수 있도록 인격을 수양하고 끊임없는 자기계발과 공부로써 권위를 고양시켜야 한다. ─윤용남─

권력자가 권위와 권력을 혼동하고 권력이 있기 때문에 무조건 권위가 있다고 착각할 때 권위주의자가 된다. 또한 권위가 권력을 따르지 못할 때 다시 말해 권력자에게 권위가 부족할 때 권위주의자가 된다. −홍사중−

권세라고 하는 것은 현자가 사용하면 천하가 다스려지고 우매한 자가 그 것을 이용하면 천하가 혼란에 빠진다. −한비자韓非子−

권력의 원천은 물리력(폭력), 부, 지식이다. −앨빈 토플러(Alvin Toffler)−

지도력의 본질이며 원천은 그 시대의 국민적 불안이나 어려운 상황을 회 피하지 않고 이를 정면으로 맞서서 극복하는 것이다. −박봉환−

리더십의 실질적인 내용은 비전−목표−전략이다. 비전은 미래의 그림을 말하며 목표는 비전을 향해 나아가는 구체적인 도달점이다. 전략은 비전 과 목표에 도달하는 방법이다. −미키 에드워드(Micky Edward)−

추종자들이 리더를 따르는 데는 뭔가 받을 수 있는 대가와 행동의 정당 성 문제가 충족되어야 한다. −데이빗 흄(David Hume)−

"한 나라의 리더는 국민의 수준에 맞는 리더를 갖는다"고 독일의 한 정치 학자가 말했듯이 국민의 수준이 높아야 높은 수준의 리더를 갖게 된다. 훌 륭한 리더를 선택할 수 있는 국민들의 안목과 리더가 성공적으로 리더십 을 발휘할 수 있도록 도와주는 팔로워십(followership)이 필요하다. 리더의 리더십을 탓할게 아니라 국민들 스스로 팔로워십(followership)을 생각해야 한다.

서양에서의 지도자의 지도력은 법적, 합리적, 제도적 장치에 승복함을 중시하는 반면 동양에서는 대인적 관계를 항상 밑바닥에 깔고 있으며 이러한 대인적 관계를 무시해서는 결코 훌륭한 리더십이 성립되지 않는 특질을 갖고 있다.

한국인의 의식구조는 자기중심적이고 또한 집단 이기주의로 흐르는 경향이 있어서 어떤 문제에 대한 타협이 어려울 뿐만 아니라 법과 규정을 경시한다. 개성과 창의성, 능력과 업적에 의한 대우보다 공평한 분배를 좋아하는 평등주의 심성를 가지고 있으며 지도층과 가진자에 대한 심정적 배타 의식이 강하다. 또한 자존심이 강하여 실리보다 명분을 좋아하고 분파주의적 습성과 과거를 쉽게 잊어먹는 경향이 있는 반면 자기를 알아주고 끈끈한 정으로 맺어지면 물불을 가리지 않고 신들린 것 같이 일을 하는 경향 또한 짙다.
                                                          -윤용남-

우리나라도 도덕성과 능력이라는 두 수레바퀴를 갖춘 리더의 육성과 리더십의 발휘가 절실히 요구된다.

사람들이 한 번에 인내할 수 있는 한계가 있는 만큼 변화를 단계적으로 추진해야 한다. 급속히 너무 많은 변화를 시도하면 구성원들의 저항에 부딪힐 수 밖에 없고 리더십 발휘도 어려워진다.
             -로날드 하이페츠, 말터 린스키(Ronald Heifetz, Marty Linsky)-

진정한 혁신을 하려면 절대 타협하지 마라.
                                    -피터 드러커(Peter F. Drucker)-

신뢰가 없고 권위가 없는 사회일수록 진실이나 미담보다 허위나 추문에 관심이 많다.
                                                          -박길성-

진정한 지도자는 현재의 상황을 이끌어 가는 것이 아니라, 미래의 상황을
이끌어 가는 자다.   *-에드먼드 버크(Edmund Burke)-*

지도자의 자질

바람직한 지도자의 자질

1. 자신의 입신 출세보다 국가 발전과 국민 복리증진을 위해 정치를 할
   줄 아는 지도자.
2. 자유민주주의 가치와 시장경제체제 유지에 대한 확고한 신념을 가지
   고 세계환경에 잘 적응하는 지도자.
3. 창조적이고 유연한 자세로 다양성을 인정하며 사회를 안정시키고 활
   력을 불어넣어 중산층을 건강하게 만드는 지도자.
4. 국민 개개인이 장래에 대한 예측이 가능한 사회를 만들며 일관된 정책
   으로 국민들로부터 신뢰를 받을 뿐만 아니라 국가의 기본질서유지 등
   정부가 해야 할 일은 확실히 하는 지도자.
5. 민주화 시대의 다양한 욕구와 갈등을 수렴하고 조정 통합하여 민심
   을 일치시키고 사회통합을 이루어 국가의 발전적 공공선으로 지향시
   킬 수 있는 자기 철학과 능력을 가진 지도자.
6. 변혁의 시대를 선도할 수 있는 비전과 목표를 제시하고 실천 가능한
   계획과 추진력을 가지고 현장을 뛰는 지도자.
7. 변화되어가는 시대적 추세에 부응하기 위해 지배자(Ruler)가 아닌 전
   문성과 경영능력을 가진 지도자로서 권위주의와 관료주의적 심성
   (Mind)를 버리고 국민에게 봉사하는 자세와 준법정신 그리고 경제와
   외교, 안보, 국제 문제에 대한 감각을 가진 지도자.
8. 시류와 대중에 추종 영합하지 않고 선동에 휘말리지 않으며 인기에
   연연함이 없이 항상 올바르고 공공의 이익이 되는 방향으로 지도하는
   도덕적 지도자.
9. 선견지명과 적시에 정확한 판단력, 결단력, 추진력, 책임감, 정열과 인간

적인 매력을 지닌 지도자.

10. 대중을 설득하고 교육할 수 있는 교육자의 능력과 신념을 가진 지도자.
11. 위기를 정면으로 맞서서 극복하고 해결할 수 있는 위기극복 능력과 상황이나 시대의 변화에 맞추어 대처할 수 있는 능력의 소유자.
12. 자기 희생과 고통을 참아가며 선우·후락先憂後樂하고 노블레스 오블리주하는 지도자.
13. 자리를 탐하지 않고 항시 공명정대하며 권모술수나 표리부동한 언행을 삼가하고 권력을 사물화 하지 않는 지도자.　　　　　－윤용남－

지도력의 기본
1. 사람을 볼 줄 안다.
2. 사람을 쓸 줄 안다.
3. 사람들의 말을 들을 줄 안다.
4. 사람들을 움직일 줄 안다.
5. 이 4가지를 바탕으로 하여 실천할 줄 안다.　　　　　－홍사중－

지도자의 덕목
1. 관대하면서도 엄격함이 있어야 하고 분명해야 한다.
2. 부드러우면서도 매듭짓는 게 분명해야 한다.
3. 꾸밈이 없으면서도 거칠거나 무뚝뚝하지 않고 공손해야 한다.
4. 일을 처리하는 능력이 있으면서도 조심스러워야 한다.
5. 점잖으면서도 속이 단단해야 한다. 곧 외유내강의 덕을 갖춰야 한다.
6. 정직하고 솔직하면서도 남의 결점을 들춰내지 않고 냉혹하지 않아야 한다.
7. 대범하면서도 요점을 잘 파악해야 한다.
8. 무슨 일에나 적극적으로 대처하면서도 속이 알차야 한다.
9. 용기와 신념을 가지고 행동하면서도 혈기에 넘쳐 만용을 부리지 않아야 한다.　　　　　－주자의 근사록朱子의 近思錄－

미국의 지도자 자격기준

1. 위기관리 능력
2. 경제적 혜안
3. 사회갈등을 해소할 수 있는 정치력
4. 도덕성
5. 인재 등용 능력

대한민국이 요구하는 지도자의 자격

1. 사적 이기심을 버리고 공적 애국심에 기초하여 국민을 동지로 생각해야 한다.
2. 정확한 판단과 해결 능력.
3. 현재의 당면문제 뿐만 아니라 미래에 닥쳐올 일을 예측하고 적절한 대책을 세울 수 있는 선견지명이 있어야 한다.
4. 원칙에 충실한 양심적인 인물이어야 한다.
5. 용단과 결단력을 가져야 강력한 감수성을 갖추게 되고 이런 강한 감수성이 국민에게 빨리 전달되어 어려운 일들을 협력해서 극복할 수 있다.
6. 민주주의에 대한 신념을 갖춰야 한다.
7. 목표에 대한 신념.
8. 지도자간의 단결.
9. 성의와 정열.
10. 신뢰감.

―박정희―

지도자는 노블레스 오블리주(명예와 책임과 의무) 정신을 가져야 한다. 대한민국 국민이면 납세의 의무, 병역의 의무, 교육의 의무인 3대 의무를 이행해야 한다. 이 가운데 병역 의무를 떳떳하게 필한 사람이 국가를 지도하고 있는가? 도덕적으로는 문제가 없는가? 국가를 지키고자 하는 사상이 투철한가? 개인보다 국가와 국민을 위해 진솔하게 행동하고 청렴하게 업무를 집행하는가? 이러한 사항에 문제가 있는 사람은 개인적으로 아무리 우수하더라도 지도자의 위치에 놓으면 안된다. 그것은 어느 특정 분야는 발전시킬지는 모르지만 국민의 정서와 정기를 흐리게 하고 자라나는 젊은이들에게 나쁜 영향을 미치기 때문에 배제되어야 한다. 특히 국가 안위를 위해 목숨 바쳐 싸우지도 않고 심지어 자식들까지 위험에서 빼돌린 자들이 국가와 국민, 군을 지도한다면 그것이 과연 정상적인 국가인가를 다시 한 번 생각해 봐야 한다. -윤용남-

지도자에게 국민이 반대하고 싫어해도 지도자적 혜안으로 판단하여 옳은 길이라면 올곧게 밀고 나가는 비전과 용단처럼 중요한 것은 없다. 대중이 하자는 대로 끌려가는 사람은 리더가 아니라 추종자(Follower)이다. -이광요李光耀(싱가포르 수상)-

인격이 원만하여 적이 없고 조정능력이 우수한 자가 고위직으로 많이 발탁되지만 개성이 강하고 결단력과 실천력이 강한 통솔자는 환영을 받지 못한다. 그러나 국가가 위기에 봉착했을 때는 어려운 결단을 내릴 수 있는 능력을 가진 자가 통솔을 해야 한다.

지도자의 근본요소는 인격(신뢰와 존중), 판단력, 직관력이다. -제이로쉬, 토마스 티어니-

지도자에게 중요한 것은 불굴의 의지와 결단력이다. -吉田松陰-

지도자는 가슴은 따뜻하고 머리는 차가워야 한다.

자기를 자랑하지 않는 사람은 욕심이 없고, 욕심이 없기 때문에 무엇을 갖고 싶어하지 아니하고, 갖고 싶지 않기 때문에 정권이나 이권 다툼도

하지 않게 된다.

-사마법司馬法-

트루먼 미국대통령은 퇴임 후 고액의 급여를 받는 회사의 경영자 자리를 제안 받았을 때 그는 "당신들이 원하는건 내가 아니라 대통령이란 직책이오. 하지만 그 자리는 내 것이 아니라 미국 국민들의 것이고, 파는 자리가 아니오"라는 대답으로 제안을 거절했다.

이스라엘 지도부가 용감한 것은 청렴한 덕분이다. 지도자는 깨끗한 만큼 용감해 질수가 있다.

-조갑제-

지도층의 부정부패는 국가안보 문제로 다루어야 한다.

사심은 결단력의 큰 적이다. 결단에는 순발력이 필수불가결하며 결단을 내리지 못하는 것은 잘못된 결단보다 더 나쁘다.

박정희는 억지로 도덕적인 체 하려는 위선과 말장난을 가장 경멸했다. 그는 사물의 판단 기준을 실천에서 구했지 말에서 구하지 않았다.

-조갑제-

올바른 지도자 상像
1. '먼저 가라'가 아니라 '나를 따르라'라고 말하는 사람.
2. 조직이 원하는 것을 파악하고 이에 상응하는 비전을 제시하는 사람.
3. 적절한 시점에 과감한 결정을 내릴 수 있는 사람.
4. '모든 잘못은 나의 것이고 모든 성공은 조직의 것'이라고 말할 수 있는 사람.
5. 겸손이 지도력을 더 강화시켜 준다는 것을 아는 사람.
6. 최대한 많은 사람의 말에 귀를 기울이는 사람.

7.자신의 약속을 끝까지 지킬 수 있는 사람.

8.자신감과 교만함을 구별할 줄 아는 사람.

9.24시간 주 7일 일할 수 있는 사람.

10.과장이나 축소 없이 자신의 생각을 전달할 수 있는 사람.

11.아랫사람에게도 헌신할 수 있는 사람.

12.다른 사람보다 앞서서 규칙과 법을 지킬 수 있는 사람.

-세이크 모하메드(Sheikh Mohammed)-

지도자의 책임과 의무, 역할

선진화된 나라의 지도자들은 노블레스 오블리주를 통해 국민의 칭송을 받고 명예를 찾는다. 노블레스 즉 명예는 있고 오블리주라는 책임과 의무가 없는 사회와 국가의 미래는 밝아질 수가 없다. 국가와 민족을 위해 지도층과 가진자들의 사심없는 열정과 애정이 순수한 마음에서 우러날때 바로 그것이 노블레스 오블리주 정신이다.

한 나라의 지도자 뿐만 아니라 한 조직의 지도자는 당 시대의 시대적 상황과 미래의 상황을 예측하여 국민들에게 희망을 주고 국가 발전을 위한 비전을 제시하고 이를 실천하기 위해 헌신적인 자세로 국민을 통합 시키고 계도시켜나갈 책임이 있다.

영웅은 누란累卵의 위기에 처한 국가를 구하기 위하여 위기를 극복할 비전을 명확히 제시하고 클라우제비츠가 전쟁론에서 역설한 바와 같이 한 순간도 현장에서 눈을 돌리지 말라는 위기 대처의 원칙에 솔선수범해야 한다.

-처칠(Winston S. Churchill)-

나라의 국정 책임은 대통령이 지고 나라의 운명은 국민이 결정하는 것입니다.

-박근혜(대통령취임사)-

예단豫斷을 하지 않고 모든 상황이 명료해진 다음에 결단 즉 후단後斷만 하겠다는 대통령은 지도자가 아니다. 불확실성 속에서 정확한 예단을 하는데는 역사가 가장 중요한 지침이다.　　　　　　-트루먼(Harry S. Truman)-

먼저 백성의 위태로운 것危, 우환憂, 화禍를 제거하면 안安, 낙樂, 복福을 누릴수 있다.　　　　　　　　　　　　　　　　　　　　-삼략三略-

지도자가 중요한 결정을 내릴 때는 자신을 무심한 경지, 무아의 상태에 놓고 잡념이 없는 상태에서 결정을 내려야 한다.　　　　-장자莊子-

민중을 거스르면 민중의 손에 망하고 민중을 따르면 민중과 함께 망한다. 제일 좋은건 민중을 잘 인도해 함께 흥하는 것이다. 제일 나쁜 것은 민중을 따르다 함께 망하는 것이다. 분명한 건 잘못된 민중의 손에 망할지언정 지도자가 민중과 함께 망해서는 안된다.　　-플루타크 영웅전-

물은 배를 띄우지만 다른 한편으로는 배를 뒤집기도 한다.　-德川家康-

지도자는 귀와 눈을 활짝 열어 밝은 마음으로 국사를 처리해야 하며 인의 장막을 경계해야 한다.　　　　　　　　　　　　　　-육도六韜-

지도자는 국민들이 하기 싫어하는 일이나 너무 게을러서 피하려고 하는 일들을 하도록 설득하는 사람이다.　　　　-트루먼(Harry S. Truman)-

나는 한 사회의 궁극적인 권력을 안전하게 예치할 수 있는 곳은 국민들 뿐이라는 것을 알고 있다. 그 국민들이 충분히 개명開明하지 못해 신중하게 자신들을 통제할 수 없다고 생각할 때는 그 권력을 그들로부터 빼앗을 것이 아니라 교육을 통하여 그들에게 신중함을 가르쳐 주어야 한다.

－제퍼슨(Thomas Jefferson)－

정치가는 대중에게 추종, 영합하거나 선동하지 않고 지도해야 한다.
－월트 리프만(Walt Lippman)－

사심私心이 없는 곳에 인심仁心이 돌아가고 구원德은 사람을 추종케 한다.
근심을 같이 해주면義 인심이 쏠리게 되며 잘살게 해주면道 인심이 돌아
온다.
－육도六韜－

지도자의 6가지 애민愛民 정책
1.고용대책을 강구하여 실업자가 없도록 해야 한다.
2.산업정책을 고양시켜 국민소득을 올려야 한다.
3.법을 엄정히 하여 무고한 자가 벌받는 일이 없도록 해야 한다.
4.세무행정을 공정히 하고 조세를 가볍게 해야 한다.
5.지도자들이 먼저 검소한 생활을 하여 국력을 낭비하는 일이 없어야 한다.
6.부정 또는 무능한 공무원을 숙청하여 민원을 사는 일이 없어야 한다.
－육도六韜－

군주(지도자)는 백성을 존중하고 친인척을 잘 관리해야하며 신하를 위무
하고 나라의 국경을 지켜야 한다. 함부로 군주의 권위인 정권을 남에게
맡겨서는 안되며 군주 자신의 밝은 지혜에 의하여 군주의 길을 똑바로
가야 한다. 복종하는 자에게는 덕德으로 대하고 거역하는 자에게는 힘으
로써 대해야 한다.
－육도六韜－

백성의 마음은 흐르는 물과 같아서 가라앉히면 맑고 깨끗해지고 이를 건
드리면 대번에 흐려진다. 이와 같은 백성을 선하고 악하게 만드는 것은
흐르는 물과 같이 지도자의 하기에 달렸다.
－육도六韜－

장수는 국가 운명을 좌우하는 중요한 사람이다. 따라서 군주는 장수에게 믿음을 주어 기쁘게 해주고 참소로 인하여 어떻게 될까 하는 근심을 주어서는 안된다. 또한 장수의 작전에 간섭해서도 안되며 마음껏 싸우도록 재량권을 주어야 한다.

-삼략三略-

간신을 경계하고 아첨하는 자를 제거해야 한다. 신하의 권세가 강대하지 않도록 적절히 제약하고 생사여탈권을 신하에게 주어서는 안된다.

-삼략三略-

몇 사람을 이롭게 하고 만인을 해치게 되면 백성들의 마음은 떠나 버린다.

-삼략三略-

닭이 시간을 알리고 고양이가 쥐를 잡는 것처럼 부하 한 사람 한 사람에게 능력을 발휘하게 하면 위에 있는 사람은 자기 손을 쓸 필요가 없어진다. 반면 위에 있는 자가 혼자서 능력을 발휘하려고 하면 많은 사람의 지혜를 사용할 수 없을 뿐만 아니라 일도 원만하게 풀려나가지 못하고 몹시 지친다.

-한비자韓非子-

백성이란 일의 시작을 함께 도모할 수는 없지만 이루어진 일을 함께 즐길 수는 있다. 최고의 덕德을 추구하는 사람은 세속에 영합하지 않고 큰 공을 이루는 사람은 대중들과 일을 의논하지 않는다.

-상앙商鞅-

편을 가르지 않고 당파를 만들지 않으면 왕도는 널리 공평하게 시행된다.

-서경書經, 주서周書, 홍범洪範-

모든 권력은 부패하며 절대적 권력은 절대적으로 부패한다.

-액톤(Acton)-

지도자의 오판과 정책적 오류는 때로는 돌이킬 수 없는 재앙으로 연결된다.

-장학근-

사건이 발생하면 아랫 사람들은 지도자의 얼굴과 일거수 일투족을 제일 먼저 본다.

지도자는 평시에는 "After you" 하지만 유사시에는 "Follow me"를 해야 한다.

지도자의 아랫사람 관리

1. 실적으로 아랫사람을 평가하라.
2. 인사정책은 공정해야 하며 재능에 따라 적재적소에 배치하라.
3. 공사를 엄격히 하여 불화가 생기지 않도록 하라.
4. 항아리 물은 큰 불을 끄지 못한다.(직접 하는 것보다 다른 사람을 독려하여 많은 사람들이 일을 하도록 해야 한다)
5. 아부를 물리치고 대의大義를 지켜라.(정실을 떠나 법에 따르라)
6. 솔선수범해야 아랫사람이 따른다.
7. 작은 신의부터 지켜라.
8. 이익이 있어야 사람이 따른다.(머슴은 배불러야 일을 잘한다)
9. 호랑이 새끼는 기르지 말라.
10. 믿는 부하가 적이 되며 집안 도둑(처자, 근친 등)이 더 무섭다.
11. 원한과 악의 싹은 자라기 전에 뽑아야 하며 잡초도 뽑아야 곡식이 잘 자란다.
12. 지도자의 실권을 위임하지 말라.(월권 또한 용납하지 말라)
13. 채찍은 뒤에서 쳐라.
14. 다변多辯에는 진리가 없고, 달콤한 말속에는 독이 있고 난해한 말은 실용성이 없다.
15. 부잣집 자식은 인정이 없다.

-한비자韓非子-

전쟁에 대한 지도자의 결심

1. 전쟁에 어떤 사건이 가장 지배적인가?
2. 정치적 목표와 군사적 수단은 서로 협조되고 이해되었는가?
3. 헌법 절차에 충실하였으며 전쟁에 대한 의회와 국민의 지지를 창출 할 수 있는가?
4. 국제적인 지지를 받을 수 있는가?

인물평가와 적재적소

인재등용에 필요한 자질

1. 부富를 탐하지 않고 예절을 잃지 않아야 한다.(仁)
2. 귀하여도 교만하지 않아야 한다.(義)
3. 직위를 맡겨도 마음이 움직이지 않고 성심을 다해야 한다.(忠)
4. 모든 일에 최선을 다하며 거짓없이 진실해야 한다.(信)
5. 위험과 죽음을 무서워하지 않고 충성된 마음을 다해야 한다.(勇)
6. 도저히 이룰 수 없는 것도 지혜와 사려를 짜내어 지체함이 없이 일을 잘 처리해야 한다.(謀)

─육도六韜─

인물감정법

1. 질문을 던져 그의 대답이 어느만큼 자세하고 조리가 있는가를 본다.
2. 토론을 통하여 대응하는 능력을 살핀다.
3. 계략에 관한 의견을 물어 그의 식견을 관찰한다.
4. 그와 어떤 일을 약정하여 수행토록 함으로써 그의 신뢰도를 관찰한다.
5. 그에게 첩자를 미행시켜 그 성실성을 확인한다.
6. 공개적으로 질문하여 그 품성과 덕을 살핀다.
7. 돈을 취급하는 직책을 맡겨 그 청렴도를 살핀다.
8. 여색을 시험하여 그 곧고 맑은 정도를 관찰한다.
9. 어려운 일이 일어났음을 알려서 용기가 있는지를 시험한다.

10. 술을 과음케 하여 그 태도를 관찰한다. 　　　 *-육도六韜 · 제갈량諸葛亮-*

인물평가에 있어서 외모와 내실이 일치하지 않는 사람
1. 외견상 현명한것처럼 보이지만 속으로는 모자라는 자.
2. 외견상 온화하고 선량하게 보이지만 속으로는 도적놈 같은 자.
3. 밖으로는 겸손하고 근엄한 것처럼 보이나 속으로는 공경하는 마음이 없는 자.
4. 성실하고 치밀하고 주의력있게 보이지만 신의나 정성과 성의가 없는자.
5. 계략은 잘 세우지만 결단력이 없는자.
6. 용감하고 과단성이 있는 것처럼 보이나 실천력이 없는자.
7. 멍청한 것처럼 보이지만 오히려 내실은 충실한 자.
8. 겉으로는 용맹한 것처럼 보이나 내심은 겁쟁이인 자.
9. 엄격하고 냉혹하게 보여도 오히려 차분하고 성실한 심정을 가지고 있는 자.
10. 외견상 위신이 서지 않고 풍채도 볼품없지만 밖에 나가서는 통하지 않는 데가 없고 하지 못하는 일이 없는 자. 　　　 *-육도六韜-*

많은 사람의 칭찬을 받는 처신이 능한 사람, 자기 소신이 없는 출세 지향형과 과거 중요 직책수행시 종종 문제가 일어났던 사람은 재수가 없는 사람이니 쓰지 않는 것이 좋다.

사람이 착한 것을 알면서도 이를 승진시켜 중용하지 않고 사람이 악한 줄을 알면서도 이를 물리치고 멀리하지 않으며 어진 이는 숨어 가리워져서 쓰이지 못하고 못난 이들이 높은 관직에 중용하게 되면 국가는 반드시 그 해를 입는다. 　　　 *-삼략三略-*

사람은 각자의 개성을 살려 부리되 변설辯舌이 능한 자를 경계하고 인자한 자에게 재산을 관리하게 해서는 안된다. 인자한 자는 재산을 부하나

군중에 베풀어 자기 편에 붙게 할 염려가 있기 때문이다.　　－삼략三略－

현명한 인재를 등용하는데 있어서 우매한 민중이 어짐과 불초함의 차이를 모르면서 단지 자기 마음에 든다고 하여, 저 사람은 현인이나 유덕한 사람이라고 떠들어대는 소리에 현혹되어 그 사람을 함부로 등용해서는 안된다. 사악한 무리들이 무리를 지어 민중을 현혹시켜 똑똑한 사람을 배제하고 충신을 죄없이 살해하며 벼슬자리는 자기들이 독차지 한다. 이렇게 되면 도덕이 무너지고 부정부패가 기승을 부려 세상이 어지러워지고 나라가 망한다. 그러므로 화를 내야할 때 화를 내지 않으면 군신들이 권력을 휘두르게 되고 죽여야 할 때 죽이지 않으면 큰 도적떼가 일어나고 만다. 군대의 위세를 떨치지 않으면 적국이 강해진다.　　－육도六韜－

원망을 받고 있는 자가 원망을 하고 있는 사람을 다스리게 하면 하늘의 이치를 거역하는 것이다. 백성을 편안케 하려면 위에 있는 자가 청백하여 한 점의 사심도 없이 백성을 사랑하고 윗사람을 존경하는 사람에게 존귀한 지위를 주면 백성이 편안하고 천하가 태평하다.　　－삼략三略－

한결같이 칭찬받는 이들 중에 뛰어난 인물은 적은 법이다. 모두의 마음에 드는 자는 천성이 연약하고 일체의 사물에 뇌동하든가 그렇지 않으면 아첨하고 빌 붙어 다른 사람 마음에 드는 일만을 생각하기 때문이다. 반은 칭찬받고 반은 비난 받는자에 관해 무슨 이유로 칭찬받고 어떤 이유로 비난 받는지를 도리와 잘 결부시켜 생각해보면 그 선악은 저절로 드러나게 된다. 누구에게나 칭찬 받는다는 것은 당치 않는 일이므로 반드시 연유가 있을 것이다.　　－덕천가광德川家光－

군인은 말할 것도 없거니와 모든 공직자와 지도층에 있는 자는 국가와 자기가 속한 조직을 위해 봉사하는 자세를 가져야 하며, 자기 계급이나 직위를 개인의 향후 입신출세를 위해 이용한다거나 인기에 영합하는 행위는 조직과 국가에 해를 끼치는 것이다. 따라서 국가보다 개인의 이익을 추구하는 인물을 써서는 안된다.

-윤용남-

정치가는 국가를 위해 봉사하는 사람이고 정상배는 자신을 위해 국가가 봉사하도록 만드는 사람이다.

-죠르쥬 퐁피두(George Jean Raymond Pompidou)-

관직이 정치적 승리자의 전리품이 되어서는 안된다. 광범위한 지식과 오랜 기간의 훈련이 필요한 직책에 직무에 무지한 인물을 보상적 성격으로 임용하는 것은 대단히 위험한 일이다.

-호머 리(Homer Lea)-

사람에게 빠지는 것보다 차라리 물에 빠지는 것이 낫다. 물에 빠지면 오히려 헤엄 이라도 칠 수 있지만 사람에게 빠지면 구제 할 수 없다.

-주나라 무왕의 명銘-

수신
욕심이 많아 만족할 줄 모르는 것이 최대의 화禍이며 몸을 망친다.

-한비자韓非子-

예의를 지키고 겸손해 하는 일은 처신을 완전히 하는 술術이요 행동을 삼가고 지식을 숨기는 것은 살아가는 길이다.

-한비자韓非子-

나는 새가 다 잡히고 나면 활은 궤속에 넣어지고 토끼가 다잡히고 나면 사냥개는 먹히는 법이다.

-범려范蠡(월나라 상장군)-

군주는 장군의 명성을 좋아하지 않는다.

-마키아벨리(Machiavelli)-

어떠한 군사작전에 있어서나 지휘관이 된 사람은 최초 전쟁의 한 달간은 영웅이 된다. 그러나 한 달이 지나면 보통 사람이 된다. 나도 예외일 수는 없으며 언젠가 그날은 찾아온다.

-노먼 슈와르츠코프(H. Norman Schwarzkopf)-

공功을 이루면 물러나는 것이 천도天道이니라. -노자老子-

실패의 책임은 공유해야 하지만 성공의 보수는 남에게 양보하는 것이 좋다. 그것까지 공유하려 들면 끝내는 서로 증오하게 된다. -채근담菜根譚-

훌륭한 지도자는 일을 해도 자기가 한 것처럼 나타내질 않고 공적을 세워도 자랑하지 않는다. 자신의 재능을 과시하지 않는다. -노자老子-

공을 세운 후에 아무런 미련 없이 초연히 은퇴하여 간 곳이 묘연하게 하는 것은 도道가 무엇인지를 알지 못하고는 그렇게 할 수가 없다.

-이위공문대李衛公問對-

족足한 줄 알면 욕을 보지 않고 정지할 줄 알면 위태하지 않다.

-이위공문대李衛公問對-

박수칠 때 떠나라. 그러나 박수치고 있다는 것을 알기가 쉽지 않다.

-윤용남-

적국을 멸하는데 큰 공이 있는 자는 위대한 공로를 만천하에 공포하고 넉넉히 여생을 보낼 수 있도록 해주면서 천하를 주름잡던 권위를 그에게서 떠나게 해야 한다. 큰공이 있는 자는 혹심을 버리고 박수칠 때 떠나면 보신은 할 수 있다.

-삼략三略-

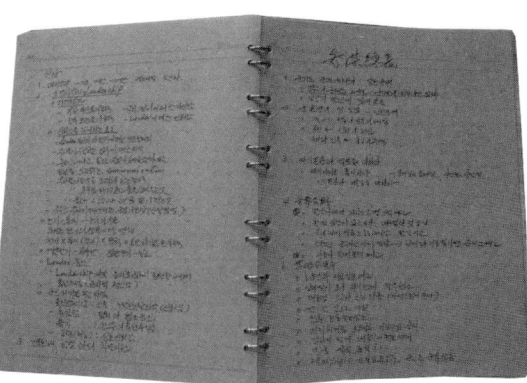

국가와 국방

자주국방과 군사력

강군육성

응징보복

Ⅱ
국방

국가와
국방

국방

국방은 외부의 물리적 공격으로부터 국가와 국민과 영토를 군사적 수단
으로 보호하는 것이다.   −한용섭−

국방목표는 외부의 군사적 위협과 침략으로부터 국가를 보위하고 평화
통일을 뒷받침하며 지역의 안정과 세계 평화에 기여하는 것이다.

국방정책은 국가의 주권과 영토, 국민의 생명과 재산을 보호하는 국방목
표를 달성하기 위한 행동원칙이며 군사업무를 수행하기 위한 지침이다.

안보 문제는 국가 생존의 문제이며 국방정책을 통일정책과 대북정책의
하위 개념으로 생각하면 큰 잘못이다.   −윤용남−

교육이 국가의 백년대계라면 국방은 국가 존망과 민족 생존의 천년대계
이다. 교육이 나라의 발전을 위한 투자라고 한다면 국방은 그보다 앞선
민족의 생존을 위한 절대절명의 투자다.

나라가 아무리 강대하다 하더라도 전쟁을 좋아하면 망하고 천하가 비록
태평하다 하더라도 국방을 소홀히하면 반드시 위기에 처하게 된다.
                                              −사마양저司馬穰苴−

군대는 국가의 간성이니 간성없이 어찌 국가를 보존할 수 있으며 국가를 보존하지 못하니 어찌 국민이 존재할 수 있으랴! 이것이 공허하고 막연한 이론이 아니라 만고불변의 진리이고 역사가 주는 교훈이며 우리가 몸소 체험한 사실이다.　　　　　　　　　　　　　　　　*-광복군 창설 포고문 중에서-*

평화를 지키기 위해 국제 외교의 어떠한 전략을 사용하더라도 정치가에게 최고의 시험은 전쟁이 닥쳤을 때 무엇을 해야 할지 결정하는 것이다. 전쟁을 막는 것과 어쩔 수 없이 강요당한 전쟁에서 이길 수 있는 입장에 서는 것은 동전의 양면과 같다. 이 두가지 모두 국방에 대한 지속적인 투자와 침략에 저항하겠다는 일관된 불굴의 의지를 필요로 하기 때문이다.　　　　　　　　　　　*-마가릿 대처(Margaret Thatcher)-*

군의 사명
국군은 국가의 안전보장과 국토 방위의 신성한 의무를 수행함을 사명으로 하되 그 정치적 중립성을 준수한다.　　　　　　　*-헌법 제5조 2항-*

군이 정치에 관여해서도 안되고 정치권이 군을 이용해서도 안되며 오로지 군은 국가와 국민의 생명과 재산을 지키는 군 본연의 임무에만 정진해야 한다. 군은 유사시 국가를 수호함은 물론 평시에도 군의 기본 임무에 저해되지 않는 범위 내에서 국가 발전에 적극 동참하고 생산적으로 군을 운영해야 한다.　　　　　　　　　　　　　　　　*-윤용남-*

군의 존재 가치는 싸워서 승리하는데 있으며 승리하지 못하는 군대는 존재할 가치가 없다.

군은 지켜야 할 대상과 싸워야 할 대상을 명확히 인식해야 한다.

군인

위국헌신을 본분으로 하는 군인은 스스로의 권리는 포기할 수 있어도 국민의 생명과 국토를 지키는 책무만은 포기할 수 없다는 확고한 사명감을 가져야 한다.   *-윤용남-*

조국을 지키는 일은 우리에게 주어진 역사적 소명이므로 그것이 아무리 어렵고 고통스럽더라도 회피하거나 포기할 수 없으며 누가 대신해 줄 수도 없는 우리의 생존 그 자체이다. 바람이 불고 폭풍이 몰아칠수록 옷깃을 더욱 여미듯이 우리는 현실이 어려우면 어려울수록 더욱더 마음을 굳게 다져 어떠한 경우라도 추호의 흔들림이 없이 부여된 소임을 완수해야 한다.   *-윤용남-*

군인의 용기는 일반사람의 그것에 비해 고유하고 방종한 활동이나 힘의 맹목적 발현으로 향하는 충동을 버리고 보다 고차원적인 욕구, 복종, 질서, 규칙, 방법에 따르지 않으면 안된다.   *-클라우제비츠(Clausewitz)-*

충성은 희생과 헌신이다.   *-양우천-*

군인이 되는 것은 대통령이 되는 것과 같다. 나를 버리고 국가를 위하는 사람이 되니까.   *-민용태-*

군인은 군복과 군화를 좋아하고 야전을 마음의 고향으로 생각해야 하며 군인임을 자랑스럽게 생각해야 한다.   *-윤용남-*

오늘날 우리가 누리고 있는 자유와 민주, 복지, 그리고 번영으로 상징되는 대한민국 현대사의 영광의 뒤안길에는 이곳 화랑대 출신들의 죽음을 무릅쓴 희생과 피와 땀과 눈물이 서려있음을 여러분들은 자랑스럽게 생각해야 한다.

군인의 기본적인 책무는 싸워서 적에게 이기는 것이다. 군인은 정치가와 마찬가지로 단지 결과에 의해서만 그 능력을 평가받는다. 어떠한 변명도 통하지 않는다. 승리를 도외시하는 군인은 시를 쓰지 않는 시인, 집을 짓지 않는 목수와 같다.
-村上兵衛-

처칠은 내가 이겨서 얻고자 한 최후의 보상은 평화라고 말했다. 그러한 보상의 숭고한 가치를 군인보다 더 잘아는 사람은 없다. 전쟁이라는 괴물을 군인보다 더 잘아는 사람은 없기 때문이다.
-몽고메리(B. L. Montgomery)-

지휘관들이 생활화하고 있는 군인의 윤리는 중세의 무사와 기사의 시대 이전부터 우리에게 이어져 내려온 것이다. 그것은 세상의 어떠한 행동 규범이나 신조보다 훌륭한 것이다.　-맥아더(Douglas MacArthur)-

군인들은 전쟁을 선호하지 않는다. 군인들은 국가정책을 정할 때 신중한 태도를 견지한다. 군인들은 전쟁대비를 역설하고 군사력의 강화를 역설하긴 해도 전쟁을 추구하지는 않는다. 독일 나치에서도, 러시아에서도, 민주주의 미국에서도 똑같다. 군인들은 전쟁에 대비하기를 원해도 싸우고 싶어하지는 않는다. 군인들은 자신들을 호전적인 민간 정치인들의 희생자라고 여기는 경향도 있다.　-헌팅턴(Samuel P. Huntington)-

전쟁의 깊은 상처와 고통을 당하는 것은 어느 누구 보다도 군인 자신이다. 군인이야말로 평화를 위해서 기도하는 사람이다.
-맥아더(Douglas MacArthur)-

군인들의 질투가 무엇인지 이제야 알게 되었습니다. 이러한 시기猜忌, 질투가 장군들로 하여금 명예와 애국심에 반하는 일을 하게 하리라고는 생각하지 못했습니다.(미국 남북전쟁 시)　　　-슈어드(William H. Seward)-

군인들이 할 수 있는 국가에 대한 가장 큰 봉사는 그들 자신에게 충실하며 묵묵히 그리고 용기를 갖고 군인의 길로 나가는 것이다. 만약 그들이 군인정신을 포기한다면 그들은 우선 자기 자신을 파멸시키고 궁극적으로는 자기들의 나라를 파멸시키게 될 것이다. 민간인들이 군인들로 하여금 직업 군인의 길로 잘 가도록 도와준다면 국민들도 궁극적으로 보상을 받을 것이며 국가 안보를 위해 그들 자신의 표준이 되게 할 수 있다.

-헌팅턴(Samuel P. Huntington)-

국가안보와 군에 폐해를 끼쳤거나 군사 작전에 실패한 사람, 실패에 관련된 사람들이 자신의 추락된 명예를 회복하기 위하여 출세 지향적 사고로 정치에 발을 들여 국가안보와 국방을 왈가 왈부하는 것은 훌륭한 후배들의 군인 정신을 왜곡시키고 후배들의 진출을 방해할 뿐만 아니라 국가안보와 국방에 대해 냉소적인 분위기를 조성하는 결과를 초래한다. 또한 고위급 직위를 수행한 예비역 장성은 전역 후 갖는 공직이나 직업이 군과 후배들의 위상과 사기에 어떤 영향을 미칠 것인가를 한 번쯤 생각해 주었으면 하는 마음 간절하다.

-윤용남-

군사문화

문화란 학술, 예술, 종교, 도덕에 있어서 인간의 일상생활에서 내적 정신활동의 소산으로서 군사문화란 말 자체가 잘못된 것이다. 진정한 무武의 문화란 질서유지와 실질을 존중하고 규율, 질서, 의무, 봉사, 희생을 덕목으로 한다. 유럽의 기사도 정신, 일본의 사무라이 정신과 군대식 질서, 미국의 군대 조직 등이 정치, 경제, 사회에 영향을 끼쳐 그 나라들은 오늘날 선진국이 되었으며 우리의 과거 문화는 950여회의 대소大小 외침으로 피난 문화가 발전되었다. 역사적으로 무武를 천시하였을 뿐만 아니라 진정한 무武의 문화는 존재하지도 않았다. 더욱이 과거 5·16군사 혁명과 12·12사태 등으로 일부 정치 일선에 뛰어든 군인들에 대한 상대적 박탈감과 반대와 비난만을 일삼는 자들에 대한 제재와 안되면 되게 하라는 강행이 마치 군사 문화의 전부인 양 군을 비판하고 있다.　　　－윤용남－

무武의 문화란 무인정치나 강권체제를 뜻하는 것이 아니다. 공동체의 바탕인 질서를 유지시키는 문화, 권력단체 사이의 경쟁과 대립 긴장을 이겨내고 공동체 자체가 커질 수 있는 요인이 되는 법의 존중, 인내력, 실질 존중과 기풍을 가리키는 것이다.　　　－한준석－

군인들은 강한 동료의식과 의무, 용기, 건강한 신체를 가져야 하며 민간인들의 삶 속에 널리 퍼져있는 행동, 법률의 틀, 정신 등이 군대 생활의 모델로 받아 들여질 수 없음을 분명히 해야 한다. 군사적 효율성보다 자유주의적인 주장을 우선해서는 안된다.

－마가릿 대처(Margaret Thatcher)－

자주국방과
군사력

자주국방

자주국방은 자주적 국방정책 결정권과 자주적 군사력 사용권, 자주적 방위 능력의 육성 등으로 구분해 볼 수 있는데 오늘날 현대국가는 자주 국

방의 원칙을 고수하면서 동맹을 통해 국가 방위를 달성하는 것이 보편적 사례로 되어 있다. −한용섭−

우리의 생존은 우리가 지켜야지 그 누구에게도 의존해서는 안된다. 미군에 너무 의존하는 정신이 무의식 속에 뿌리내리는 것을 철저히 경계해야한다. 자력으로 나라를 지킬 수 있는 힘에다 능력있고 믿을 만한 미국의 힘을 보태는 것이 현명한 자주 국방이다. −윤용남−

미국 대통령이 함부르크나 코펜하겐을 구하기 위해 뉴욕이나 시카고가 파괴되는 위험을 질 것이라고 누가 확신할 수 있는가!
−드골(De Gaulle)−

대통령에게 또다시 대규모 지상군을 아시아나 중동이나 아프리카에 파견하라고 건의하는 미래의 국방장관이 있다면 그의 두뇌를 검사해봐야할 것이다. −로버트 게이츠(Robert M. Gates)−

자주국방이란 이렇게 비유해서 얘기를 하고 싶다. 가령 자기 집에 불이 났다고 하면 어떻게 하느냐? 우선 식구들을 일차적으로 전부 동원해서 불을 꺼야 할 것이 아닌가! 그러는 동안에 이웃 사람들이 달려와서 도와주고 물도 퍼다주고 소방대가 쫓아와서 지원을 해준다. 그런데 자기 집에 불이 났는데 식구들이 불을 끌 생각은 안하고 이웃 사람들이 도와주기만 기다리고 앉아있다면 소방대가 와서도 기분이 나빠서 불을 안꺼줄 것이다. 왜 자기집에 불이 났는데 멍청하게 앉아 있는가! 자기 집에 불난 것은 일차적으로 그 집 식구들이 총동원해서 있는 힘을 다해서 꺼야 한다. −박정희−

5천 년의 민족사에서 900여 회나 외침에 시달려온 우리에게 가장 확실한 복지보장책은 자주국방이다. −박정희−

국가안보의 기본은 첫째 자주국방력의 강화이다. 왜냐하면 우리의 생명과 재산 그리고 우리의 문화 가치를 보존해야 할 책임은 전적으로 우리에게 있기 때문이다.
　　　　　　　　　　　　　　　　　　　　　　　　　　　　　　-박정희-

우리가 살기 위해서는 우리의 힘으로 나라를 지켜야 한다. 우리나라는 우리의 힘으로 지키겠다는 결심과 지킬 수 있는 힘을 길러야 하고 준비를 해야 한다. 우리의 힘이 부족할 때 남의 도움을 받는 것은 당연하다. 그러나 남이 돕는 것은 어디까지나 도움이라고 생각해야지 우리 대신 남이 우리를 대신해서 지켜주기를 기대해서는 안된다. 나는 이것을 국방의 주체성 이라고 말한다. 남이 우리를 도와주는 것도 우리에게 국방의 주체성이 있을 때 도움을 받을 수 있다는 것을 명심해야 한다.　　　*-박정희-*

자주 국방을 못하는 나라는 국가가 아니라 식민지이며 국민은 노예 근성을 갖게 된다.
　　　　　　　　　　　　　　　　　　　　-트루먼(Harry S. Truman)-

강성했던 제국들도 자주국방의 의지를 잃으면 역사에서 사라져 갔다.
　　　　　　　　　　　　　　　　　　　　　　　　　　　　　　-세계사-

자위능력을 갖추지 못한 나라는 자주권 유지도 어렵고 주권 국가로서의 자유로운 발전도 해나갈 수 없는 것이 냉혹한 현실이다. 약소국에 주권 따위는 없다.
　　　　　　　　　　　　　　　　　　　　　　　　　　　　　-이상우-

인간은 자신의 운명을 자신이 책임진다는 자세로 삶을 직시하고 도전적으로 살 때 행복해지고 자신의 운명을 남에게 맡겨놓고 어려움을 회피하면서 불평만 할때 불행해진다.
　　　　　　　　　　　　　　　　　　　　　　　　　　　　　-조갑제-

군사력(자위력)

군사력은 국가의 생존과 독립, 전통적 가치 등 국익을 수호하는 핵심적인 국력이며 최후의 보루다. 또한 군사력은 국가 위신의 상징이며 모든 외교 정책 수행의 배후 지원 세력이다. 따라서 군사력은 이러한 목적과 전략적 변화에 부합되도록 평시부터 국가적 차원에서 양성 유지되어야 한다. 독립국가의 첫 번째 임무 즉 다른 독립사회의 폭행과 침략으로부터 한 사회를 방호하는 의무는 군사력이라는 수단에 의해서만 완수될 수 있다.

–애덤 스미스(Adam Smith)–

평화를 사랑하지만 도발을 받으면 야만적인 덕목을 발휘해야 한다. 야만인의 덕목을 갖추지 않는다면 문명화는 아무짝에도 쓸모가 없고 야만인의 덕목 앞에는 추풍낙엽이다.

군대는 백 년 동안 한 번도 사용하지 않을 수도 있으나 단 하루라도 대비하지 않으면 안된다.

–서치초–

자위력을 갖지 못한 국가는 파괴와 예속으로 끝나는 숙명을 갖는다.

만국공법도 대포 한 방에 날아간다.

–윤치영–

강한 경제력은 생존의 관건이다. 하지만 그에 걸맞는 강력한 군사력이 없다면 주변국의 침략을 받아 엄청난 시련을 겪게 마련이다. 따라서 군사력을 키워 스스로 보호하지 않고 강대국에 붙어 보호나 받으려는 것은 매우 어리석은 일이며 군사력의 경쟁은 어느 시대든 결코 사라지지 않을 것이다.

–강대국의 조건大國堀起–

군사력은 국력을 표시하는 고전적이고 노골적인 요인이다. 약육강식의 생리가 지배하는 국제사회에서 군사력은 평화적 해결의 뒷받침으로써나 극단적인 경우 최후의 수단으로 고려된다. 모택동이 말한 "권력은 총구에서 나온다", 프레데릭(Frederick) 2세가 말한 "무력의 뒷받침 없는 교섭은 악기 없는 악보와 같다"는 말들은 군사력의 중요성을 얘기하고 있다.

-이승곤-

전쟁을 하고자 하는 의지와 군사적 능력을 갖추었을 때 전쟁은 일어나지 않으며 모든 문제도 평화적으로 해결이 가능하다.
평화를 위해 모든 것을 희생하려 한다면 결국은 폭력의 노예가 된다.

국제관계는 군사력이 없으면 존재를 인정받기 힘들다. 현실을 무시하고 우리만 평화애호를 주장하면 주변국에게 우리는 힘이 없다고 선언하는 행위이다. 상대방에게 치명적인 위해危害를 가할 수 있는 군사력을 보유한다는 것은 그만큼 상대에게 심리적인 압박을 가해 전쟁을 예방할 수 있는 결과가 된다.

-이병형-

전쟁억지抑止란 한쪽이 다른 쪽보다 일방적으로 우세할 때는 이미 억지라는 개념이 존재 할 수 없다. 전쟁억지 효과를 거두기 위해서는 보복력의 존재, 보복력을 실제 사용하겠다는 의지(정책결정), 그 의지와 보복력이 상대방에게 정확히 전달되는 커뮤니케이션의 3가지 요소가 갖추어져야 한다.

-키신저(Henry A. Kissinger)-

조선은 자신을 지키기 위해 적을 단 한 대라도 때릴 능력이 없는 나라다. 자신을 위해 스스로 아무것도 할 수 없는 나라를 아무런 이익 없이 도울 나라는 없을 것이다.

-루즈벨트(Theodore Roosevelt)-

너희 나라가 유신儒臣들을 길러 그 뜻이 개절凱切하고 몸이 청아淸雅하고 말이 준절峻切하다 하나 너희가 벼루로 성城을 쌓고 붓으로 창槍을 삼아 내 군마軍馬를 막으려 하느냐! 지금도 입과 붓으로만 나라를 농단하는 버릇은 여전하다.   *-청淸나라 황제가 병자호란 때 조선을 질타하며-*

북한의 통일전선전략과 평화 공세에는 미군 없는 한반도와 타력他力의 국방 태세를 약화시키려는 끈질긴 음모가 있다. 타력이 손을 떼었을 때 패망한 경우가 많았다. 따라서 자위능력과 전쟁을 수행할 수 있는 군사적 Know-how를 익혀야 한다.

국가가 국민과 국토를 지킬 힘이 없으면서 외교니 평화니 하는 것은 헛구호에 불과하다.   *-마샬(S. L. Marshall)-*

군사력은 군인 수, 무기, 훈련과 경험, 군사전략, 사기, 군의 기강 등을 종합 평가해야 한다.   *-이승곤-*

전력이란 협의의 의미로 전투력과 국토 및 인구, 동맹국이다.
   -클라우제비츠(Clausewitz)-

전쟁이 내린 판결은 정의보다 힘에 기초한다.
   -몽고메리(B. L. Montgomery)-

본래의 전투력을 제외하고 나라의 면적과 인구, 동맹국은 전쟁 당사자의 의지에 따라 마음대로 사용하고 투입하기 어렵다.
   -클라우제비츠(Clausewitz)-

영토에 대한 지배권은 기본적으로 군사력의 우위로 결정된다.
   -호머 리(Homer Lea)-

해상력 발전에 영향을 주는 기본요소는 나라의 지리적 위치, 형상(자연자원과 기후 포함), 국민성, 정부의 성격 등이다.　　　　　　　－마한(Mahan)－

정예강군
군이 강하면 국가는 안태하고 군이 약하면 멸망의 위기에 놓인다. 그 관건을 쥐고 있는 것은 장수이다.　　　　　　　　　　　　－제갈량諸葛亮－

군대는 강력해야 한다. 그러나 전지전능 해서는 안된다. 군대는 영향력을 가져야 한다. 그러나 지배해서는 안된다.
　　　　　　　　　　　　　　　　　－핸슨 볼드윈(Hanson Baldwin)－

강군의 요건은
1.국력과 전쟁지원이 가능해야 한다.
2.논공행상이 분명해야 한다.
3.군대는 정병주의로 정예부대로 편성되어야 한다.
4.우수한 무기체계를 보유해야 한다.
5.상벌이 엄정해야 한다.　　　　　　　　　　　　　　　－울료자尉繚子－

백성을 교육시켜 애국심과 단결력을 고취시키고 유능한 사람을 적재적소에 배치하여 정예부대를 편성해야 한다.　　　　　　　　－오자吳子－

육체와 정신의 단련과 기술을 수반하는 군사 교육과 양호한 장비는 군대의 가치를 높이고 필승의 신념을 부여한다.

$-$루덴도르프(Erich Ludendorff)$-$

군의 강약은 국민의 육체적, 경제적, 정신적 강약에 좌우된다.

$-$루덴도르프(Erich Ludendorff)$-$

완벽한 군대를 만드는데 필요한 12가지 조건

1. 건전한 모병체계
2. 탄탄한 조직력
3. 철저한 동원체계를 구비한 국가 예비대
4. 훈련 및 평시 근무시는 물론이고 전시 근무시에도 부하에 대한 합당한 지시
5. 형식적이 아닌 신념에 근거한 복종, 규정준수 정신 및 엄하지만 비굴욕적인 군규軍規
6. 서로 경쟁을 고무하기에 적합한 보상체계의 구비
7. 잘 훈련된 공병 및 포병과 같은 특수 병종의 존재
8. 공격이나 방어에서 적군보다 우월한 군비
9. 우수한 일반 참모, 논리적이고 실질적인 장교 교육에 필요한 조직의 보유
10. 견실한 병참, 병원 및 일반행정 체계
11. 탄탄한 지휘관 보직 및 전시작전 지휘 체제
12. 국민의 상무정신 고취 및 활성화 유지　　　$-$조미니(Jomini)$-$

국민이 어려움을 당했을 때 국가가 도와줄 것이라는 믿음을 가질 수 있어야 훌륭한 국가이며, 훌륭한 군대란 내가 어려움에 처했을 때 상관이 나를 도와줄 것이라는 믿음을 가질 수 있는 군대이다.　　　$-$윤용남$-$

변화를 싫어하고 현실에 안주하는 행위, 내실보다 허황된 구호나 큰소리만 치는 행위, 이기적인 행위, 행정군대화를 배격하고 하부가 튼튼한 군대가 되어야 한다.
-윤용남-

자고로 강한 군대일수록 간단명료하고 기동이 가벼우며, 행동이 빠르다. 약한 군대일수록 중무장하고 큰소리만 치며 복잡한 법과 제도가 행동을 어렵게 한다.
-윤용남-

질적인 것이 양적인 것을 극복할 수 있다. 저질의 무장을 보유하고 저질의 교육 훈련으로 양성된 병사들로 구성된 대부대가 작은 규모지만 탁월한 무장을 구비하고 우수한 교육훈련으로 양성된 직업 군인들로 이루어진 정예부대와 부딪친다면 개죽음을 당할 수 밖에 없다.
-젝트(Von Seekt)-

다양한 기계의 개발과 과학 발전의 결과로 말미암아 전투양식과 전술의 변화와 함께 전투 당사자의 상무정신과 심리상태를 재조정해야 한다. 달리 표현하면 무기의 종류와 그 응용이 점점 더 복잡하고 정교해질수록 군대의 훈련과 단체정신 또한 강화되어야 한다. 한 번 퇴보한 군사력은 필요할 때 바로 회복될 수 없다.
-호머 리(Homer Lea)-

육·해·공군과 각군의 장병 사이의 분리주의적인 풍조는 지양해야만 한다. 어떠한 공명심 때문에 실패하는 일이 없도록 자중해야 하며 목적을 위해 협력하려는 의지와 조화에 위배되는 것이라면 무엇이든지 배격해야 한다.
-롬멜(Erwin Rommel)-

부대의 대소를 막론하고 고목枯木은 짤라내야 한다. 대군의 고목을 짤라내야 하는 이유는 지식이 쇠퇴하였기 때문이 아니고 머리가 굳어져서 급격히 발전하는 지식의 템포를 따라갈 수가 없기 때문이다.

-패튼(George S. Patton. Jr)-

장교들의 낡은 군사 사상이 많은 병사들을 사지로 몰아 넣는다.

현대전은 가공할 파괴력을 가진 무기체계에 의한 기습공격으로 초전 생존성이 전쟁 승패에 결정적인 영향을 미친다. 작전의 속도가 대단히 빠르기 때문에 아무리 경제력이 우세해도 빠른 시간내에 전력화하지 못하면 소용이 없다. 경제적인 군 운용을 위해 과도한 동원에 의한 전투준비는 전장종심이 짧은 우리의 경우 자칫 큰 위험을 자초할 수 있기 때문에 평소 적정수준의 강력한 상비군과 전투준비 태세를 갖추고 있어야 한다. -윤용남-

우리 군이 장차전에서 어떠한 적과 싸워도 승리할 수 있는 능력을 가진 군대인가? 나는 건전한 국가관과 군인정신 및 지휘 통솔력을 갖춘 간부인가? 나는 책임과 의무를 다하는 성실한 병사인가를 수시로 자신에게 자문해 보아야 한다. -윤용남-

21세기 군의 바람직한 간부상

1. 21세기 전쟁 수행에 대한 폭넓은 군사 지식과 식견, 창의력을 가지고 각종 첨단 전투체계를 알고 통합 운영하여 전투 지휘를 잘 할 수 있는 간부.
2. 정보전기술과 각종 첨단 장비 운용능력이 뛰어나고 정확한 판단력으로 지휘·통제 할 수 있는 간부.
3. 제한된 정보, 불확실한 상황속에서도 뛰어난 직관력으로 사물을 보고 이것이 무엇을 의미하는지 즉각 도출하여 이에 합당한 의견 제시와 사고로 신속한 판단과 결심을 내릴 수 있는 간부.
4. 탁월한 외국어 구사 능력, 의사 소통 기술(구두, 문서, 글)로 합동 및

연합, 다국적군 작전을 협조 및 통합하고 조정을 능숙하게 할 수 있는 간부.
5. 사람을 다루는 리더십이 뛰어난 간부.
6. 확실한 가치관과 신념으로 "나는 왜 적과 싸워 이겨야 하는가?" "무엇이 옳고 그른가?"를 애국, 충정, 책무에 바탕을 두고 판단하여 행위의 기준으로 삼고 신념과 믿음으로 부하를 지휘하고 임무를 수행 하며 윤리의식이 투철한 도덕적 용기를 겸비한 간부.　　　　　－윤용남－

고급 간부의 복무자세

· 국군의 사명 완수에 충실하고 국민으로부터 신뢰받는 군대상을 만드는데 노력해야 한다.
· 군의 명예와 정체성을 지키고 군과 부하들을 보호하며 책임을 질 줄 알아야 한다.
· 자신이 한 일과 행동은 항상 후배들과 군 역사의 평가를 받는다. 국가와 군과 후배를 위해 사심없이 올바르게 일을 처리하고 행동하라.
· 인과응보의 자세를 견지하라.
· 솔선수범과 헌신으로 아랫사람으로부터 신뢰와 존경을 받아야 한다.
· 건전한 판단력과 용기, 해박한 군사지식, 건강한 신체를 가지고 대담하고 신속하게 결단을 내리고 결과에 대해 책임을 질 줄 알아야 한다.
· 도덕적이고 따뜻한 마음으로 주변과 부하, 아랫사람의 의견을 폭넓게 받아 들일 수 있는 도량을 가져야 하며 권한과 업무를 위임할 수 있어야 한다.
· 과거와 현재에 안주하기 보다 미래 전투를 생각해야 한다.
· 개인이나 부서 이기주의와 과거의 관행의 틀에서 벗어나야 한다.
· 행정화 군대가 되는 것을 배격하라.
· 대안 없는 비판을 해서는 안된다.
· What to do는 누구든지 말을 잘 하는데 How to do를 말하는 사람은 드물다.

· 상급자에게 직언을 할 때는 상급자의 정확한 의도를 알고 지역별, 계층별, 분야별, 부대별로 골고루 많은 사람들의 의견을 수렴하여 상급자에게 제시해야지 소수의 편향된 의견이나 일부 불평분자의 이야기만 듣고 전체 여론인양 건의한다면 정책 시행에 큰 오류를 일으키게 한다.
· 우유부단함과 책임회피적 행위를 철저히 경계하라.
· 인기에 영합하는 자세를 가져서는 안된다. －윤용남－

군대 내에 사조직이 있어서는 안된다. －윤용남－

현역과 예비역들이 영향력있는 정치가에 붙어 진급과 좋은 보직을 얻으려고 할 때 군대는 스스로 힘이 없는 군대로 내려 앉게 된다. －윤용남－

자신의 계급과 직책을 출세의 발판으로 이용해서는 안된다. －윤용남－

정책과 전략제대에 많은 장성을 보직시킨 것은 오랜 군생활의 경험과 공부한 것을 바탕으로한 정책과 전략의 입안을 위한 것이며 결재만 하라고 보직시킨 것이 아니다. －윤용남－

직위지향형보다 직능지향형이 되어야 한다. －윤용남－

민주주의 군대는 있어도 군대의 민주화는 없다. －윤용남－

왜인은 키가 작고 힘도 없다. 우리나라 남자와 왜인이 싸움을 하면 왜인은 전혀 승산이 없는데도 어째서 쉽게 그들에게 국토를 유린당한 것인가? 우리나라는 평시에 병사를 기르지 않고 백성을 교화하지도 않았으며 임진왜란이 일어나고서야 백성들을 긁어 모아 전쟁터에 끌어냈다. 다소나마 돈이나 재산이 있는 사람들은 뇌물을 써서 병역을 회피했으므로 재산이 없는 빈민들만이 적과 맞서 싸웠다. 우리나라 장군들은 상비군을 갖지 않고 병사에게는 정해진 지휘관이 없다. 병사가 된 백성들은 반은 순찰사에 반은 절도사에 속해있다. 병사 한 사람이 아침에는 순찰사의 지휘하에 있다가 저녁에는 도원수의 지휘하에 들어간다. 장군과 병사가 어지럽게 바뀌니 통솔할 수가 없다. *-강항(姜沆 1567-1618)의 간양록看羊錄-*

이스라엘 국민 모두는 군대에 나가 목숨을 걸고 싸우지 않으면 600만 유대인 학살과 같은 일이 다시 일어날 것이며 내가 죽음으로써 나라를 지키면 우리 민족이 살고 후손들이 평화와 안녕을 누리게 될 것이라고 확신했다. 그런 생각과 자세로 전쟁에 임하여 生과 死를 초월하여 싸웠기 때문에 이스라엘은 무적의 군대가 됐다.

교육훈련
평소 부하들의 땀 한 방울이 전시 부하들의 피 한 방울과 같다는 사실을 명심하고 교육 훈련 만큼은 적당주의가 통하지 않도록 해야 한다.

-윤용남-

교육훈련은 칼보다 강하다.

신념은 기적을 낳고 훈련은 천재를 만든다.

부대를 위한 최선의 복지는 제1급의 훈련을 시키는 일이다. 이것만이 전장에서 불필요한 손실을 막아준다. *-롬멜(Erwin Rommel)-*

기적은 없다. 분명한 목표의식과 부단한 노력, 그 다음에야 기적이 일어난다. 힘겨운 노력 끝에 오랜기간 잘 길러진 감성이 어느 한 순간 화산처럼 분출하는 것이 즉흥곡이다. *-안토니 가우디(Antoni Gaudi)-*

경험도 없는 부대를 곧바로 전투에 투입한다는 것은 가장 뛰어난 우리의 젊은이들을 사지에 몰아넣는 미친 짓이다. 승리하기 위해서는 먼저 훈련이 필요하다.　　　　　　　　　　　　　　　－패튼(George S. Patton, Jr)－

강군육성은 돈이 있다고 하루 아침에 되는 것이 아니다. 우수한 전투원은 돈으로도 살 수 없으며 이들을 양성하는 데는 10~20년이 걸린다.
　　　　　　　　　　　　　　　　　　　　　　　　　　　－윤용남－

황금으로 전쟁에 필요한 인간을 모집하고 필요한 장비를 구할 수는 있지만 뼛속과 심장의 깊은 곳까지 규율이 녹아 있고 육체적으로 단련된 사람을 정복할 수는 없다.　　　　　　　　　　　　　　－호머 리(Homer Lea)－

오늘의 교육훈련은 내일의 전쟁에 대처하는 준비임에도 불구하고 통상의 교육훈련은 과거의 경험에 따르는 경우가 많은데 과거와 현재에 종속되는 교육훈련은 미래의 전쟁에서 승리를 보장받지 못한다. 따라서 진취적이고 창조적인 사고를 가지고 장차전의 양상과 어떻게 싸울 것인가 즉, 전법의 결정과 이 전법을 실천하기 위한 교육훈련이 되어야 한다. 아울러 항상 적을 찾고 적이 있는 훈련, 정도한 훈련, 상벌을 엄격히 적용하여 교육훈련의 성과를 높여야 한다.　　　　　　　　　　　－윤용남－

전투력의 강약은 간부의 능력에 의해 좌우되므로 간부의 능력을 향상시키는데 교육의 우선을 두어야 한다.
간부교육의 목표는
첫째, 유사시 전투를 훌륭하게 지휘할 수 있는 지휘자(관)를 육성해야 하며
둘째, 전기·전술이 뛰어난 병사를 만듦과 동시에 건전하고 애국심이 투철한 국민을 양성 배출하는 교육자로서의 역할과
셋째, 합리적이고 효율적인 병영관리와 국가 재산을 관리하는 관리자로

서의 역할을 충실히 할 수 있도록 하는데 목표를 두어야 한다. *-윤용남-*

고급장교 교육의 목적은 개개인의 독자성을 개발하는데 있다. 그러므로 장교들이 기초적인 원칙문제에 대해 항상 비판적으로 생각하도록 교육시키는 것이 특히 중요하다. 기본적인 제원리, 원칙을 충분히 이해하고 어느 정도 냉철하게 그리고 논리적인 사고 과정을 따를 수 있는 합리적인 사람이라면 무엇을 어떻게 해야 할것인지에 관한 세부적인 사항 정도는 능히 해결할 수 있다. *-롬멜(Erwin Rommel)-*

군사이론은 미래 지휘관의 정신을 교육하거나 좀더 정확히 말하자면 그가 스스로 독학하는 것을 안내할 수 있을 뿐 전쟁터까지 따라가서는 안된다. 이는 마치 현명한 선생이 젊은이의 지적 성장을 안내하고 자극할 뿐이지 그 젊은이를 평생도록 직접 손을 잡고 이끌지는 않는다는 것과 같다. *-클라우제비츠(Clausewitz)-*

군인들에게 실제로 유익한 교훈은 시이저나 조미니 같은 병학자의 교육적인 이론보다 실전에서 얻은 산교훈이다. 병학자의 이론은 국가 원수나 육군장관에게는 효과적이나 대대, 중대, 소대 전투에 대해서는 아무것도 가르쳐 주지 못한다. *-뒤 피크(Ardant du Picq)-*

전장의 우연성으로 예기치 못한 상황의 마찰적 요인을 포함한 장교의 판단력, 상식, 결단력 향상을 도모하는 훈련과 육체적 단련, 전투 환경에 익숙시킬 수 있는 정신적 훈련은 대단히 중요하다. 이러한 훈련은 전쟁을 경험한 외국인 장교를 초빙하든지 자국 장교를 외국에 파견하여 작전을 관찰하고 실전에 대해서 배워오도록 해야 한다. *-클라우제비츠(Clausewitz)-*

전장의 마찰을 극복하는 최선의 방법은 훈련과 전투 경험이다.
                                        −클라우제비츠(Clausewitz)−

지휘관은 지형의 익숙과 실전적 훈련, 전사공부를 통하여 훌륭한 선현들의 경험을 배우고 정신훈련을 하여야 한다.   *−마키아벨리(Machiavelli)−*

군대는 전쟁에서 승리를 얻기 위해 필요한 전투 감각과 능력을 갖추는데 부단히 전념해야 한다.   *−무스타파 케말(Mustafa Kemal)−*

전투부대와 각개 병사들에게 군사훈련을 실시하는 이유는 '자존심을 길러 주는 상호인지'단계를 넘어서서 개성을 죽이고 모든 병사로 하여금 정열적 단합과 전우애와 친밀감을 발전시키는데 그 목적이 있다. 단결심을 갖게 되면 전투의 열화 속에서도 결코 사라지지 않는 친밀감, 신뢰감을 갖게 되며 이를 바탕으로 참다운 전사를 만들어 내고 이때 비로소 군대 다운 군대가 완성된다.   *−뒤 피크(Ardant du Picq)−*

군대훈련은 전투기술 향상에 관심을 집중하고 심리적 요소는 간과하고 있다. 교과서대로 오류를 범하지 않으려고 노력한 나머지 적의 지휘관이 오류를 범하게 해야 한다는 필요성을 잊어 버리는 지휘관을 양성한다.
                                        −리델 하트(B. H. Liddell Hart)−

많은 전쟁을 통해서 얻어진 올바른 교리와 생생한 전사는 장군들의 교육에 좋은 교재가 될 것이다. 만일 이 두 가지가 위대한 군사적 천재를 탄생시키지 못한다 하더라도 최소한 유능한 장군은 배출할 수 있을 것이다.
                                        −조미니(Jomini)−

전쟁의 역사가들은 실제 전투의 여러 사실을 발굴하고 그 사실로부터 교훈을 추출한다. 그러나 만일 이를 비판해 줄 실전경험을 가진 장군이 없다면 그들 상당수는 명성을 잃을것 이다. -몽고메리(B. L. Montgomery)-

어떤 야외 훈련이든 간에 반드시 실전적인 전술 상황하에서 실행되어야 한다. 훈련을 통해서 터득한 실제적 전투습관은 실전에 있어서 병사들의 제2의 천성으로 나타나기 때문이다.　　　-마크 클라크(Mark W. Clark)-

평화시 군대에서의 장교 교육은 전사 연구에 있고 사병 교육은 훈련을 반복함에 있다.

우리나라 무인武人은 병서와 옛 사람의 용병술을 알지 못하니 이와 같은 사람으로서 강한 적을 막으려는 것은 어려운 일이다. 지금 병서를 권하면 듣는 사람이 냉소할 것이다. 그러나 비록 3년 묵은 쑥이라 할지라도 구하지 않으면 병을 고칠 날이 없을 것이다.　　　-선조 33년 조선왕조실록-

조선의 지배계급인 선비 교육은 성리학에 기본을 둔 학문과 예술을 동시에 교육하여 감수성이 풍부한 인간을 배출하는데 목적을 둔 교육이었던 반면 일본의 지배 계급인 사무라이 교육은 명예와 용기, 무덕을 함양하는데 기본을 두고 병법, 검술, 유술(유도), 권법, 봉술, 창술, 마술, 궁술, 수영 등 무예가 70%를 차지하고 나머지 30%는 서도, 도덕, 문학, 역사를 교육시켰다.

절제있고 교육훈련이 잘된 군이면 설사 무능한 지휘관이 지휘한다 해도 패배시키기 어렵다. 절제 없고 교육훈련이 안된 군은 유능한 지휘관이 전투를 지휘한다 하더라도 승리하기 힘들다.　　　-제갈량諸葛亮-

전투기술을 가르치는 데는 반드시 부하들의 체력과 능력, 재능에 따라 임무를 부여하고 훈련시켜야 한다.
-오자吳子-

평소 교육훈련을 잘 시켜 놓으면 예기치 못한 사태가 발생하더라도 모든 장병들은 당황하지 않을 것이며 지휘관의 명령에 일사불란하게 움직여 어떠한 강적도 물리칠 수 있고 예기치 않은 습격에도 혼란에 빠지는 사태는 벌어지지 않는다.
-오자吳子-

훈련은 부대 단위로 실시하고 책임을 완수하지 못한 부대장은 엄히 벌한다. 군의 기강을 확립하고 무적의 군대를 만들기 위해서는 무엇보다도 철저한 훈련이 필요하다.
-울료자尉繚子-

소부대란 각개 병사들의 투지력과 전기전술을 연마시켜 이것을 조직화하고 단결시켜 하나로 팀웍화된 전투의 기본단위이다. 전쟁의 승패는 이러한 소부대의 승패에 따라 좌우된다. 즉 인체의 다리 부분인 소부대(하급제대)가 강해야 한다는 논리다.
-윤용남-

신뢰할 수 있는 군대란 단결이 확고한 군대이다. 군사 훈련의 성공 여부는 단결의 여부에 달려있다. 단결만이 병사들을 진정한 군인으로 만든다.
-뒤 피크(Ardant du Picq)-

공병 및 포병 기술 등은 교범에 의하여 배워야 하고 전술은 위대한 장군에 의하여 수행된 전사를 연구하고 또 자기자신이 직접 체험함으로써 획득할 수 있다.
-나폴레옹(Napoleon)-

나는 훈련이 되지 않은 군대는 보지 않을 것이다. 또한 처벌을 하지 않으면 훈련에 성과가 없을 것이다.
-웰링턴(Wellington)-

행동이 뒤따르지 않는 배움은 아무 소용이 없다.

개혁

개혁이란 기존의 것에 대한 약간의 개선을 의미하는 것이 아니라 체질과
토양, 방향의 근본적인 전환을 의미한다. 진정한 개혁을 위해서는 수많은
장애를 극복하고 오랜시간 인내해야 한다.

사회개혁, 군대개혁도 좋지만 우선 우리 각자의 정신과 마음의 자세부터
개혁해야 한다.   *-윤용남-*

과거의 성공이 현 시대에 맞지 않으면 과감히 버리는 용기가 있어야 성
공할 수 있다. 향후 사회의 변화를 예측하여 어떻게 능동적으로 대응할것
인가를 미리 준비해야 한다.   *-윤용남-*

주위 상황이 바뀌면 당신도 변해야 하며 그 상황보다 앞서가는 노력을
기울여야 한다.   *-콜린 파월(Colin L. Powell)-*

진정한 변화없이 아무리 부지런히 뛴다 하더라도 행동이 미래에 집중되
지 않는 한 아무런 의미가 없다. 전략적 방향이 결여된 행동은 조직을 점
점 더 깊은 수렁으로 몰고 갈 뿐이다.   *-설리번(Gordon R. Sullivan)-*

옛 것의 과시는 새로운 것에 대한 반역이다.   *-德川家康-*

무모하게 일관성을 고집하는 것은 어리석은 자들이나 하는 짓이다.
                                  -에머슨(Ralph Waldo Emerson)-

군대만큼 혁신을 두려워 하는 곳은 없다. 군대의 전투 방식은 평시에 변

화시키기보다 큰 전투를 치르고 나서 변화되는 경우가 많다.

-맥스 부트(Max Boot)-

이전에 치렀던 전투의 쾌거만 생각하는 장군들은 패배할 가능성이 높다.

-콜린 파월(Colin L. Powell)-

우리의 역사가 말해주듯이 군이 현실에만 안주한 채 개선과 발전을 소홀히 하면 치욕스러웠던 국난을 되풀이하지 않는다는 보장이 없다. 새롭고 개혁적인 일을 하자면 비난과 비판은 반드시 받게 되어있다. 이것이 두려워 주저하거나 욕을 먹지 않기 위해 원만하게 처리하면 새로운 일은 하나도 이루어지지 않는다.

-윤용남-

변화는 오늘을 이겨내고 미래로 들어가는 것인데 어떤 사람도 미래를 예측할 수 없기 때문에 저항이 크다. 따라서 현재를 잘 관리 하면서 변화를 이끌려면 구체적이고 실제적인 접근이 필요하다.

-설리번(Gordon R. Sullivan)-

트루먼 미국 대통령은 1940년대 후반 국방부를 창설하면서 육군과 해군이 서로 다투는데 급급하지 않고 적과 싸우는데 열중했더라면 세계대전은 훨씬 일찍 끝났을 것이라고 말했다.

제2차세계대전 이후 지난 60여 년 동안 미국의 군대보다 더 많이 변한 조직은 없다. 무기체계, 군대의 강령과 작전 개념, 조직구조, 지휘체계, 책임의 구조 등이 크게 변했다.(한국 군대는 그간 얼마나 변했는가?)

-피터 드러커(Peter F. Drucker)-

알은 스스로 깨면 생명이 되지만 남이 깨면 요리감이 된다.

군은 전투 효율 지수를 높이면서 경제적인 군대로 경영 혁신을 해야 한다.

－윤용남－

군구조개선

조직은 살아있는 생명체와 같이 여건의 변화에 따라 끊임없이 변화 발전
되어야 한다.

미래 전에서 승리하려면 군대의 형태를 언제 바꿔야 하는지를 아는 것이
무엇보다도 중요하다.

－맥스 부트(Max Boot)－

조직은 유명한 오케스트라 곡의 화음을 위해 연주되는 각종 악기와 같은
역할을 해야 한다. 어느 악기의 연주가 잘못되면 전체곡을 망치듯이 어
느 한 세부조직이 잘못되면 조직 전체가 달성하고자 하는 목표와 방향에
문제를 일으킨다. 따라서 모든 조직은 목표 달성에 100% 기여해야 하며
기여하지 못하는 조직은 없는 편이 낫다.

－윤용남－

국방 개혁의 핵심은 합참의장의 군령권과 각군 참모총장의 군정권으로
이원화되어 있는 현 구조를 합참의장의 지휘 하에 각군 참모총장도 작
전권(군령권)을 행사하도록 개선하는 것이다. 이는 전쟁원칙 중 가장 기
본적인 지휘통일을 달성하자는 것이다. 상부 지휘구조 개편은 군사작전
차원에서 북한의 도발에 효율적으로 대처하고 2015년 전시작전 통제권
을 인수해 한반도 전구작전을 성공적으로 수행하는데 초점을 맞추어야
한다. 북한이 만일 제2의 6·25남침 전쟁을 감행하면 우리는 어떻게 하든
지 수도권 북방에서 적의 진출을 막아야 한다. 전쟁 초기 해·공군은 지
상군지원 뿐만 아니라 항만 및 비행장 방호, 해상 및 공중통제권 장악 등
자군의 고유작전을 해야 하는 중요한 시기에 자군의 가장 선임자인 각
군 참모총장과 많은 장군과 고급 영관장교들이 보직된 각군 본부가 작전

을 직접 지휘하지 않겠다는 것은 언어 도단이다. 싸우는 권한을 주겠다는데 군인이 그걸 못하겠다고 하면 누가 납득하겠는가? 초전의 작전지원(군정)은 전시동원계획에 의해 예하 기능사령부를 통해 이루어진다. 나라의 운명이 촌각에 달려있는데 작전과 지원을 동시에 결심하고 전투부대를 지휘해야지 시스템에 의해 지원되는 작전지원만 하겠다는 참모총장은 세계의 어느 나라에도 없을 것이다.

과거 북한군의 국지도발은 대부분 무장공비 침투, 피습 및 납치, 총격 및 포격, 함정포격 및 격침, 민간항공기 납치 및 폭파 등이었다. 앞으로도 북한군의 국지 도발 가능성은 전면전보다 높을 것으로 판단된다. 그런데 이에 대한 대비태세는 문제점이 많다. 비근한 예로 내가 육군참모총장으로 재직하고 있던 1996년 강릉에 무장공비가 침투했을 때 예하부대가 침투한 공비를 소탕하기 위해 불철주야 고생하고 있는데 지상군 작전의 총본산인 육군참모총장과 육군본부 참모요원들은 군령권이 없어 아무 하는 일 없이 그저 지켜만 보는 처지였다.

군의 존재 목적은 적과 싸워 이기기 위해서 있는 것이다. 적과 싸우지 않는 조직과 사람은 없애든지 임무에 맞게 과감하게 축소시켜야 한다.

따라서 차제에 자군 고유의 작전은 각군 참모총장과 각군 본부가 책임을 지고 지휘하도록 해야 한다. 국지전과 정규 작전의 대비태세 중 가장 중요한 것은 전력 증강과 교육훈련이다.

이를 위해서 우선 합참이 합동작전을 수행하기 위해 싸우는 방법(예 : 전격전, 입체기동전, 효과중심작전, 종심돌파작전) 즉, 전법을 결정하고 여기에 기여할 수 있는 각군의 전법과 각군 고유작전의 전법을 기초로 군구조, 전력증강 소요, 교육훈련 소요가 나와야 한다. 군정과 군령이 이원화되어 싸우는 방법과 전력증강, 교육훈련이 따로 논다면 효율적인 대비태세가 될 수 없을 뿐만 아니라 중복투자로 인한 예산 낭비와 자군이 훈련시킨 군을 총장 마음대로 운용할 수 없다는 현상이 벌어진다. 따라서 군정, 군령을 일원화하고 통합 및 합동작전의 전법을 근거로 하여 군사력

증강과 교육훈련이 되어야 한다.

각군의 군정 기능인 군수지원 문제도 마찬가지다. 조직적이고 신속한 군수 지원이 뒷받침되지 못하면 아무리 좋은 작전계획이라 하더라도 시행이 어렵다는 것은 상식이다. 특히 대부대작전에서는 군수지원이 결정적인 영향을 미친다. 그래서 군에서는 작전 판단과 작전 명령을 내릴 때 작전실시와 전투 근무 지원을 동시에 판단해 작전 명령에 포함시키고 있다. 그런데 작전 실시는 합참, 전투 근무지원은 각군 본부로 이원화돼 따로 시행된다면 제대로 된 계획과 신속한 작전이 이뤄질 수가 없을 것이다. 이러한 문제점을 보완하기 위해 합동작전지원조정소위원회의 협의를 거쳐 국방부 장관에게 건의해 각군에 지시가 내려가도록 한다는데, 전시에 이러한 체제가 정상적으로 운영되기도 어려울 것이며 적기에 명령이 하달되기도 어려울 것이다.

국방 개혁의 '전투형군대'라는 용어에 대해서도 말이 많다. 하지만 이러한 말이 나온 것도 따지고 보면 군정, 군령의 이원화로 인해 발생한 현상이라고 볼 수 있다. 각군 참모총장과 본부가 군령권을 갖고 있다면 업무 중점과 사고가 작전계획을 검토, 보완, 발전시키고 이를 검증하기 위한 훈련에 집중되기 마련이며 하부 조직도 이 분야에 관심도가 높아져 작전의 수준이 높아지게 된다. 그러나 진급, 보직 등 인사권을 가진 참모총장이 양병과 지원분야(군정)업무만 수행하다보니 총장의 관심사를 따라 갈 수 밖에 없으며 자연스럽게 행정화 군대로 가게 될 수밖에 없다.

2015년이면 전시작전 통제권을 갖게 된다. 이는 지금까지 한·미 연합사가 유사시 전쟁을 기획·계획·수행하던 것을 우리 합참이 인수해 우리가 주도적으로 한반도 전체 전구 작전을 책임져야 한다는 것을 의미한다. 전시 합참의장은 합참의장의 임무와 합동작전 사령관으로서 많은 예하 작전사를 지휘해야 하며 연합 부대와의 협조 등 지휘 부담이 대단히 클 것이다. 각군 참모총장이 군령권을 갖게 되면 우선 예하 작전사를 직접 참모총장이 지휘하게 되므로 합참의장의 지휘 부담을 덜어 줄 수 있을 것이다. 수많은 전쟁사는 지휘 통일이 되지 않고 상하 인접의 불협화음은 패배와 직결됐으며 많은 인명손실과 작전의 장기화를 초래했다고 가르치고 있다. 이러한 교훈을 반면교사로 삼아 차제에 군정과 군령을 일원화시켜 지휘통일을 기하고 빠른 시간 내에 통합군 체제가 되어야 한다.

-윤용남-

대규모 밀집된 부대와 무기는 파괴의 목표물이지 힘의 표시가 아니다. 그리고 앞으로 그런 것은 더 이상 존재하지 않을 것이다. 생존하기 위해서는 군대는 작은 규모로 편성되어야 하고 매우 기동성이 있고 독립적이며 자율적이어야 한다.

-맥스 부트(Max Boot)-

장차전의 양상을 고려해 볼 때 부대의 편성은 소형화, 기동화, 통합 전력화의 양상을 띠게 될 것이다.

-두푸이(T. N. Dupuy)-

군사력 건설

국가가 추구하고자 하는 국가 목표의 달성을 군사적으로 뒷받침 할 수 있는 충분한 수준의 군사력을 갖추어야 한다. 이를 위해 상대적 위협정도, 첨단 과학기술의 발전, 장차전의 양상, 전장 환경, 적의전략·전술 등 군사적 상황을 분석하여 군사 전략 개념을 수립하고 이를 구현할 수 있는 전법을 결정해야 한다. 이 전법을 수행할 수 있는 군사력 소요와 가용 능력을 고려하여 자국의 실정에 맞는 군사력을 건설 유지, 발전 시켜야 한다.

-윤용남-

누가 더 빨리 새로운 무기 체계를 개발하고 도입하여 전술과 교리를 발전시켜 전장에 사용하느냐에 따라 승패가 결정된다.

-두푸이(T. N. Dupuy)-

국방비

한 나라의 국방비를 보면 그 나라의 안보적 정신과 군사력 수준을 금방 알 수 있다.

-이성우-

안보가 위험에 처할 정도로 지출을 줄이고 나면 집도, 병원도, 학교도 사라질 것이다. 우리에게 남는 것은 잿더미 뿐일 것이다. 합참의장이 특정 수준의 군사적 자원이 없으면 국가 방어가 적절히 이루어질 수 없다고 선언하는데 거기에 귀를 기울이지 않는 정치인은 바보라고 할 수 밖에 없다.

-마가릿 대처(Margaret Thatcher)-

민주주의 정부는 평시에 군비 유지를 위하여 경비를 지출하려 하지 않으며 앞날을 내다보지 못하는 경향이 있다.   -마한(Dennis Hart Mahan)-

전쟁은 돈이다. 첫째도 돈, 둘째도 돈, 셋째도 돈이다.

-나폴레옹(Napoleon)-

아무리 훌륭한 무기를 가지고 있더라도 적이 누구인지 적이 어디 있는지 알아야 한다. 지형과 누구와 전쟁을 하느냐에 따라 군사력 건설에 차이가 있고 통상적으로 민주 국가들은 평시에 군대에 비용을 지출하는 것에 인색한 경향이 있다.

-맥스 부트(Max Boot)-

군이라는 것은 어느 나라 군이나 자국의 영토를 방위하고 국민의 생명과 재산을 지키는 것이 기본임무이다. 이러한 군의 기본임무 외에 대테러, 재난구호, 인명구조, 평화유지 활동 등 다양한 사태에 대응 해야 하는 등 군의 임무와 역할은 점점 증대 되는 반면 오랫동안 전쟁이 없다 보니 우리 국민들은 안보에 대한 대미 의존적 사고와 안보보다 경제와 복지에 우선을 두고 최소 비용으로 군을 유지하고 발전시킬 것을 요구하고 있다. 우리나라와 같이 안보 위협이 높은 분쟁국이나 대치국들은 대부분 GDP대비 4~7%를 국방비에 투자하고 있다. 우리는 북한의 핵무기 위협과 끊임 없는 국지 도발에도 불구하고 GDP의 2.5%내외의 국방비를 투자하고 있다. 새 정권이 들어서고 국방의 총수들이 바뀔 때마다 국방 개혁을 부르짖으면서 현란한 청사진을 제시하지만 이에 따른 안정적인 국방비의 투자가 되질 않아 용두사미가 되는 것이 통례였다. 전작권 전환에 따른 자위적 방위 역량 구축과 북한 핵무기 위협에 대한 정보, 방위망 구축, 정밀타격 체계, 장병 삶의 질 향상 등이 시급히 요구되는 국방비 소요이다. 이러한 국방비는 앞으로 적과 어떻게 싸울 것인가의 전법에 기초하여 전력증강, 군구조 개선, 교육훈련 등의 소요를 기준으로 책정되어야 한다.　　　　　　　　　　　　　　　　　　　　　　　－윤용남－

군복무

군복무 경험이 있는 사람은 그렇지 않은 사람에 비해 국가를 사랑하는 마음이 다르다. 인간은 위기에 닥쳤을 때 자신의 경험이 그대로 표출된다. 국가의 운명을 좌우할 군사적 판단을 할 때 군 경험이 없는 국군 통수권자나 정치인들이 어떤 판단을 할 수 있을까?

군 경험이 없는 인사들이 우리 사회 지도부를 구성할 때 국가 안보에 심각한 부담을 안게 된다. 선진국은 전쟁을 두려워하는 사람을 가장 멸시한다. 그들은 전쟁에서의 승리와 패배가 무엇인지를 잘 알고 있다. 대통령이 전쟁을 두려워하고 피하면 나라를 지도할 자격이 없다. 국가가 누란의 위기에 처했을 때 국가지도부와 정치인들이 과연 전쟁을 결심할 수 있을까? 이런 지도자의 안보에 대한 발언은 허공의 메아리에 불과하다.

　　　　　　　　　　　　　　　　　　　　　　　－이병형－

나에게 군대는 썩는 곳이 아니고 소생하는 기회였고 공백기가 아니고 소중한 경험이었으며 고문이 아니고 충만한 아픔이었다. 나의 군대 생활의 가장 큰 이득은 나라를 위해 헌신했다는 자부심이다. 대통령이나 고위 공직자의 꿈이 있는 자는 최소한 병역을 필하라. 건강이 부족하면 공직자 말고 다른 청운의 뜻을 품어라. 세상은 넓고 할 일은 많다. 병역미필이 합법이고 적법이라 하더라도 국민정서법과 양심이 나라를 지키는데 무임승차 했다는 남자의 자존심이 평생 부끄럽게 따라 다닌다. 　－최성령－

시민으로서의 권리를 향유하려면 그 만큼의 책임도 감수해야 한다. 군복무를 한다는 것은 모든 시민들이 이러한 불편을 감수해야 한다는 것을 의미한다. 개인적이고 국가적인 자부심이 키워지는 시기도 바로 이 군복무 기간 중이다. 군복무를 마친 사람은 사회의 일원으로서 자신의 역할을 완수하는 것이다. 　－밴 플리트(James Alward Vanfleet)－

신성한 국민의 의무인 병역 문제는 사회 전체의 갈등과 결속에 지대한 영향을 미치므로 전원이 복무하도록 해야 하며 군을 미필한 자는 대한민국의 지도자급이나 공직에 몸 담아서는 안된다. 　－윤용남－

가난한 사람, 사회적 영향력이 전혀 없는 사람의 아들들만 군대에 가고 부유층이나 영향력 있는 사람들은 군대 봉사를 기피하려고 하고 면제 된다는 사실이다. 그런 사실은 결코 신의 눈이나 인간의 눈에도 정의롭지 않아 전쟁이 나면 패하게 되어있다. 　－클라우제비츠(Clausewitz)－

모든 백성이 군대가기를 즐거워해야 싸움에서 승리할 수 있다.

　－상앙商鞅－

병력을 면제 받은 사람은 '신의 아들', 방위 출신은 '장군의 아들', 군대에 다녀온 사람은 '인간의 아들'이란 자조 섞인 말이 생겨나지 않게 사회의 모든 제도에 상식과 정상이 통하는 사회가 살맛나는 사회이다.

응징보복

도발을 응징하지 않고 선진국이 된 나라는 없다.   -이병형-

폭력을 비폭력으로 대응하는 바보들 ‥‥
        -모린 다우드(Maureen Dowd) The New York Times 칼럼니스트-

누가 적의 공격이라고 신속하게 확증하고 응징보복을 결심하여 통수권자에게 건의할 것이며 통수권자는 즉각 시행을 명령할 수 있을까? 이러한 일련의 과정에서 어느 한 사람이 신속하게 확증하고 결심을 하지 못하고 우왕좌왕 하다보면 응징보복의 시기를 놓치고 만다. 심정적으로는 북한이 확실하나 물증이 빨리 확인되지 않고 상당기간이 지난 뒤 확증을 잡았을 경우 북한을 어떻게 응징 할것인가? 비이성적인 북한 공산집단이 핵무기 사용을 위협하면서 국지도발을 감행 했을 경우 이를 무시하고 과감한 응징보복이 가능할까? 적의 도발에 즉각 응징보복할 수 있는 능력과 전투의지, 즉각 결심을 할 수 있는 체계를 하루속히 갖추어야 한다.
                                  -윤용남-

6·25남침전쟁의 정전으로부터 지금까지 북한은 수많은 휴전선 도발과 무장공비침투사건, KAL기 납치 및 폭파사건, 아웅산 사건, 2번의 연평해전, 천안함 폭침 및 연평도 포격등의 만행을 저질렀다. 역대 정부와 군은 전쟁을 불사하고 응징을 해야함에도 불구하고 의지와 능력의 부족과 제2의 6·25남침전쟁을 막고 경제 발전을 위해 응징보복을 자제해 온 정부

정책으로 제대로된 응징을 한 번도 하지 못했다. 그리고 국군통수권자가 공개적으로 남북간에는 전쟁이 없다고 하면서 남북간의 충돌을 회피하고 억제시켰으며 군 비하 발언 등으로 군의 존재 목적과 군인들의 전투의지에 영향을 준 것도 사실이다. 또한 북한의 지속적인 대남 통일전선 전략으로 종북좌경세력이 확산되고 반미감정을 고조시켰으며 국가보안법과 법질서를 무력화시키고 있다. 이런 영향으로 우리사회는 국가 안보와 대북정책을 놓고 국민 간에 너무나 다른 인식의 차이를 보이고 있으며 이는 갈등과 대립, 분열과 불신의 수준을 넘어 증오심이 표출되는 상황으로 발전하고 있다. 이런 상황에서 북한이 만행을 저질러 놓고도 사과를 하겠는가?

국가란 외침으로부터 영토와 국민의 생명과 재산을 보호해야 하는데 북한의 만행으로부터 국민의 생명을 지켜주지 못하고 당할때마다 눈물이나 흘리며 미국이나 찾고 UN에나 호소하는 정부와 군을 국민들이 신뢰하겠는가! 국민이 정부와 군을 신뢰하지 못하여 승리에 대한 자신이 없으면 패배주의에 젖어 적의 심리전에 쉽게 넘어가게 된다. 평화라는 구호를 외치면서 평화를 위해 돈이나 대주면서 인질이 되는 것이 역사의 철칙이다. 상대방에게 치명적인 위해를 가할 수 있는 군사력과 의지를 행사할 때 국제관계에 영향을 미치며 전쟁도 예방할 수 있다. 향후 또 한 번 북한의 도발이 발생할 경우 즉각적인 응징보복을 못하고 피해만 입을 경우 국민들은 불안하여 친북좌경세력에 끌려가는 현상이 나타날 것이다. 한국이 제대로 된 나라라면 북한의 만행을 반드시 응징해야 한다.

-윤용남-

전쟁의 본질

전쟁수행 요소　전쟁원칙

전쟁양상과 전법

군사전략　작전술

전술과 전투　승리와 패배

Ⅲ
전쟁

전쟁의 본질

인간사는 전쟁으로 점철되어 왔다. 역사의 첫장을 펼치자마자 우리는 인간사회가 전쟁으로 얼룩져 있는 것을 보게 된다. 전쟁사를 이해하지 않고서는 인류역사를 깊이 이해했다고 말할 수 없을 것이다. 전쟁사를 이해한다는 것은 전쟁을 잘하기 위해서만이 아니며 전쟁을 예방하기 위해서만도 아니다. 인간과 삶을 보다 깊이 이해하기 위해 전쟁사는 꼭 한 번쯤은 짚고 넘어갈 필요가 있다.
　　　　　　　　　　　　　　　　　　－몽고메리(B. L. Montgomery)－

전쟁은 다른 수단에 의한 정치의 연속에 지나지 않는다.
　　　　　　　　　　　　　　　　　　　－클라우제비츠(Clausewitz)－

전쟁은 나의 의지를 실현하기 위해 적에게 굴복을 강요하는 폭력행위이다.
　　　　　　　　　　　　　　　　　　　－클라우제비츠(Clausewitz)－

전쟁의 목적은 적에게 나의 의지를 강요하는 것이며 전쟁의 목표는 적이 저항할 수 없도록 만드는 것이며 전쟁의 수단은 물리적 폭력이다.
　　　　　　　　　　　　　　　　　　　－클라우제비츠(Clausewitz)－

전쟁의 목적은 정복이고 수단은 힘이다.　　　－마키아벨리(Machiavelli)－

전쟁은 힘의 싸움이라기보다는 의지의 싸움이다.
역사는 싸울 의지가 없는 비겁한 자에게는 가혹한 벌을 내린다.

전쟁의 목적은 대개 적의 군대, 영토, 의지를 무력화시키는 것으로서 첫째 적의 군사력을 더 이상 싸울 수 없는 상태에 빠뜨려야 하며 둘째, 적의 영토를 점령하여 적이 새로운 군사력을 양성할 수 없도록 해야 하고 셋째, 적의 의지를 굴복시키지 않는 한 전쟁이 종결되었다고 볼 수 없다. 적 정부와 동맹국이 협상하여 강화조약을 체결하거나 적의 국민이 항복하는 상태에 이르러야 전쟁은 종결되는 것이다.

전쟁의 궁극적인 목적은 적의 응집력을 와해시키는 것이지 결코 물리적으로 분쇄하는 것은 아니다. 목표는 적의 마음이지 몸통은 아니다.

적 군사력의 격멸은 물질적 군사력만이 아니고 정신적 군사력도 포함되어 있다.　　　　　　　　　　　　　-클라우제비츠(Clausewitz)-

적 부대의 분쇄보다 적의 행동을 마비시키는데 목적을 두어야 한다.

적으로 하여금 우리의 의지에 따르도록 강요하려면 우리가 요구하는 희생보다 오히려 더 불쾌한 상황 속으로 그들을 몰아 넣어야 한다.

아무도 전쟁을 시작하지 않는다. 더 정확히 말하면 아무도 제 정신으로 그런일을 해서는 안된다. 그 전쟁으로 무엇을 얻고 그것을 위해 어떻게 할 것인가에 대해 우선 명확한 생각을 갖고 있지 않은 이상 전쟁을 해서

는 안된다.   *-클라우제비츠(Clausewitz)-*

전쟁의 본질은 정치의 도구이자 수단이며 원하지 않으면서도 피할 수 없고 원칙이 있는 것 같으면서도 원칙이 없을 뿐 아니라 예측과 예방을 위한 백방의 노력에도 불구하고 선제 기습을 당할 수 밖에 없는 카멜레온처럼 다양한 양상의 인류적 재앙이라 할 수 있다.   *-박헌옥-*

전쟁은 정치적, 군사적 목표가 분명해야 한다. 목표가 모호하면 군인들이 싸우는 목적을 모르고 싸운다면 어떻게 되겠는가? 국민들의 반전 목소리도 나오게 되어 있다.

세계 역사상 민족 우선을 앞세우고 자주 통일을 위해 전쟁을 일으킨 쪽이 승리한 경우가 많았으며 패배한 쪽은 전쟁의 대의명분에서부터 패배하였다. 따라서 전쟁의 목적과 대의명분을 정확하게 정립하고 국민의 공감대를 형성해야 한다.

세계 전쟁사를 보면 전쟁발발의 원인이 대부분 지도자의 성격, 군비경쟁, 민족감정, 종교적 갈등, 동맹관계, 피아국내 상황, 정책결정자의 자국의 능력 또는 상대국의 의도나 능력에 대한 오판, 경제적인 이익을 위한 자원과 영토 문제 중 1~2가지가 문제가 될 때 전쟁이 일어난다.

오늘날의 전쟁은 강대국간의 이해관계 때문에 힘의 균형이 깨지는 진공상태의 지역에서 대개 영토, 자원, 민족, 종교, 이념간의 갈등에 의해 발발하고 있다.   *-조영갑-*

전쟁의 목적은 최선의 평화를 쟁취하는데 있다. 승리 하나만 고집하여 전쟁을 수행하고 전후 효과에 대한 고려를 전혀 하지 않는다면 평화에 대한 이익을 얻기에는 너무 지쳐 버려 또다른 전쟁의 세균을 만연시키는 나쁜 결과를 가져올 것이 분명하다.　　　　－리델 하트(B. H. Liddell Hart)－

전쟁에 관한 연구는 거의 전적으로 피로, 굶주림, 두려움, 수면부족, 날씨와 같은 전쟁의 실상에 집중해야 한다. 전략·전술의 원칙과 보급은 아주 간단하다. 전쟁을 아주 복잡하고 어렵게 만드는 것은 바로 전쟁의 실상이다.
－웨이벌(Archihald Percival Wavell)－

적을 격멸하는 수단과 방법이 가혹하면 할수록 적의 감정은 점점 악화되어 양측이 극복해야 할 저항은 점점 더 강경해진다. 이리하여 쌍방의 실력이 팽팽히 맞서면 맞설수록 적의 군대와 그들의 지도층을 따르는 국민을 단결시킬 염려가 있으므로 극단적인 폭력은 피하는 것이 보다 현명하다.
－리델 하트(B. H. Liddell Hart)－

전쟁은 우연성과 불확실성, 도박성이 내재되어 있다. 그것은 전쟁에 항시 따라다니고 예측 작업과 행운이라는 것이 전쟁에서 큰 역할을 한다.
－클라우제비츠(Clausewitz)－

전쟁에서 모든 것은 단순해야 한다. 그러나 단순한 것이 가장 어렵다.
－클라우제비츠(Clausewitz)－

마찰이란 불확실한 것, 과오, 사고, 기술적 난점, 예측 불가능한 것들이 결심, 사기, 행위 등에 미치는 영향 등을 말한다. 마찰이라는 것은 명백히 쉬워 보이는 것을 매우 어렵게 만들어 버리는 요인이다. 마찰은 현실의 전쟁과 탁상 위의 전쟁과의 구별을 어느 정도까지 설명해주는 유일한 개념이다.
－클라우제비츠(Clausewitz)－

위험, 육체적 고통, 정보, 마찰이라고 이름 붙인 것은 전쟁의 분위기를 이루는 요소들로서 모든 전쟁활동을 어렵게 만드는 대상이다.

-클라우제비츠(Clausewitz)-

전쟁은 위험하기 때문에 첫번째로 용기가 필요하고 두번째는 육체적 고통이 따르기 때문에 체력과 정신력이 필요하며 세번째로는 불확실성 때문에 이성이 필요하다. 마지막으로 전쟁에는 우연이 지배하고 있다.

-클라우제비츠(Clausewitz)-

적의 저항능력은 적이 갖고 있는 모든 수단이며 강력한 의지력이다.

-클라우제비츠(Clausewitz)-

지도자는 이념으로 전쟁을 하고 병사는 적개심으로 전투를 한다.

-호지명-

전쟁은 돈과 힘으로 한다.

전쟁은 최초 단 일격의 결전만으로 끝나는 것이 아니다. 군사행동은 연속성을 띠고 자꾸만 격렬해지기 마련이다.   -클라우제비츠(Clausewitz)-

전쟁은 인간의 본성이나 국가의 속성에 의해 발생되는데 인간이 가진 투쟁심이나 권력욕이 국가 차원에서 호전성 또는 정복 야욕으로 승화되어 폭력적으로 표현될 경우 전쟁이라는 참화를 낳곤 한다. 이러한 전쟁의 원인이 인간의 본성이나 국가의 속성에 있다고 한다면 인류가 소멸되거나 국가가 소멸되지 않는 이상 전쟁은 근절할 수 없으므로 전쟁 발생을 억제하고 그러한 가능성을 최소화 하기 위해 노력해야 한다.   -박창희-

전쟁수행
요소

피·아 능력 비교

전쟁은 국가의 중대사이다. 그러므로 전쟁에서 승리하기 위해서는 5事 7計로써 주도 면밀하게 검토해야 한다.

5사事

도道 : 지도자와 백성들이 한 마음이 되어 생사를 같이하고 위험을 두려
　　　워하지 않음을 말한다.
천天 : 기상과 기후, 시대의 흐름과 상황.
지地 : 지형.
장將 : 장수의 지모, 신의, 인애, 용기, 엄정을 갖춘 인재.
법法 : 군의 편성, 조직, 규율, 지휘체계, 군수물자 관리 등에 관한 규정.

7계計

어느편의 군주가 국민적 지지를 더 받고 있는가?
어느편 지휘관이 더 유능한가?
어느편 국가가 시기적, 지리적으로 더 유리한 조건을 갖추고 있는가?
어느편이 법령을 더 잘지키고 있는가?
어느편 군대가 더 강한가?
어느편 장병이 더 잘 훈련되어 있는가?
어느편이 상벌을 더 분명하게 시행하고 있는가?
이상 7가지 조건을 피·아 검토 함으로써 어느 편이 이기고 지는 것을 미

리 알 수 있다.   *-손자병법 제1편 시계始計-*

손자孫子의 5事 7計에 추가하여 제갈량은

어느쪽 관리가 더 유능한가?

어느쪽 막료가 더 지략이 있는가?

어느쪽을 인접국이 더 두려워 하는가?

어느쪽이 더 재정이 풍족한가?

어느쪽이 백성의 생활이 더 안정되어 있는가?

정보

적을 알고 나를 알면 백 번 싸워 위태하지 않다.

적을 모르고 나를 알면 한 번 이기고 한 번 진다.

적을 모르고 나를 모르면 매번 싸워 반드시 패한다.

적을 알고 나를 모르면 승패는 반반이다.   *-손자병법 제3편 모공謀攻-*
-손자병법 제10편 지형地形-

용병에 능한 자는 충분한 전투력을 갖추고 높은 사기로 적에게 공략할
빈틈을 주지 않으며 내가 이길 수 있는 좋은 기회를 기다리는 자이다. 이
러한 일은 적을 알고 나를 알아야 가능한 일이다.

-이위공문대李衛公問對-

군은 항시 적의 국력과 군의 지원, 군의 강·약, 기상과 지형, 군의 취약점
에 중점을 두고 적정을 살펴야 한다.   *-삼략三略-*

전쟁에서 작전적 수준은 실질적 전투행위보다는 의도와 기동에 관한 것
이기 때문에 작전적 정보는 적의 현행 전투능력보다는 적의 장차 의도,
방책, 능력 등을 판단하는데 초점을 맞추어야 한다.

－마키아벨리(Machiavelli)－

전쟁에서 승리를 거두기 위해서는 무엇보다도 적 지휘관의 성격이나 용기, 용병술 등에 대해 미리 알아내어 이에 적절한 대책을 세워 대처해 나가면 힘들이지 않고 전과를 올릴 수 있다.　　　　　　　　　　－오자吳子－

적이 어떻게 공격하고 어떻게 싸울 것인가를 알아야 그에 대한 아군의 싸우는 방책이 결정된다. 그런데 적의 책략을 모른다면 어찌 적을 이기겠다고 말할 수 있겠는가.　　　　　　　　　　－육도六韜－

위태롭다는 정보는 대개 허위 또는 과장이다.
－클라우제비츠(Clausewitz)－

적의 실책에는 반드시 계략이 숨어 있다고 봐야 한다.
－마키아벨리(Machiavelli)－

전쟁에서 획득한 정보의 대부분은 모순이 많고 오류가 있으며 불확실하다. 그러나 이러한 정보에 현혹되려고 하는 경향과 싸워 공포에 빠지지 말아야 하며 자신의 내적 식견과 신념을 가지고 사태의 희망찬 측면을 보도록 힘써야 한다. 그렇게 함으로써 균형되고 정당한 판단을 내릴 수 있다.
－클라우제비츠(Clausewitz)－

전쟁은 병력이 많다고 좋은 것은 아니다. 적정을 확실히 파악하고 공격해야지 병력이 많다고 적을 얕잡아 보고 저돌적으로 공격하면 포로가 되거나 패한다.　　　　　　　　　　－손자병법 제9편 행군行軍－

적의 진지 내 가장 취약한 지점을 탐색하여 그 약점을 최대로 이용하였으며 롬멜의 진의를 적으로 하여금 알지 못하게 하는 동시에 적을 혼란에 빠뜨리는 공격 계획을 작성했다. 롬멜은 부하들에게 기동 시에는 가능한한 엄폐물을 이용하도록 하고 공격이 돈좌되거나 기동간 정지 시에는 이유여하를 막론하고 호를 깊이 파도록 철저히 훈련시켰으며 롬멜 자신은 끊임없는 정찰과 관측을 실시하였다. 그가 전투에서 성공한 주 요인은 적에 관한 최신 첩보를 보다 많이 수집한데 있었다. 롬멜은 자신의 상관보다 적에 관한 첩보를 정확하게 알고 있을 경우 이미 상급부대에서 수립한 작전계획이나 상관의 명령이라 할지라도 이에 불복하는 것을 조금도 두려워 하지 않았다.

적정을 알아내기 위해 간첩을 쓰는 데 5가지 방법이 있다.
향간鄕間 : 적의 주민을 이용하는 것. 이른바 고정간첩을 쓰는 것이다.
내간內間 : 적국의 관리를 이용하는 것.
반간反間 : 적국의 간첩을 역이용하는 것. 즉, 이중간첩을 쓰는 것이다.
사간死間 : 죽기를 각오하고 적에게 거짓정보를 전달하는 간첩이다. 아군의 간첩으로 하여금 허위정보를 알게 하여 적에게 넘어가서 누설, 유포시키는 것.
생간生間 : 적국의 정보를 탐지하여 살아 돌아와 보고하는 것.
-손자병법 제13편 용간用間-

국가를 위해 헌신하는 간첩은 상당한 대우를 해주어야 하며 간첩이 하는 일은 극비이다. 간첩을 사용하는 책임자는 뛰어난 지혜와 인자하고 의롭지 않으면 간첩을 쓰지 못한다. 미묘한 데까지 살피는 명철한 판단력이 없으면 간첩이 제공하는 정보의 진실을 파악하지 못한다.
-손자병법 제13편 용간用間-

간첩이 제공한 기밀을 적용하여 시행하지도 않았는데 밖에서 이미 그 기밀이 폭로되었다면 그 간첩은 물론 그 기밀을 누설한 사람까지도 모두 죽여야 한다.　　　　　　　　　　　　－손자병법 제13편 용간用間－

부득이 싸워야 될 경우 공격하고자 하는 곳을 미리 정찰을 해야 하며 만약 사람을 죽이고자 하면 반드시 대상자와 주위 참모, 부관, 경호 및 수행요원 등의 신상을 알아야 한다. 이를 위해 아군의 간첩을 보내 탐지할 수밖에 없다.　　　　　　　　　　　－손자병법 제13편 용간用間－

베트남전에서 적이 누구이며 어디에 있는지를 정확히 알고 작전을 해야지 적이 어디에 있는지도 모르고 어떻게 작전을 할 수 있겠는가? 적의 지원은 어디에서 나오며 어떻게 차단할 것인가에 대한 정확한 정보가 없어 구체적인 계획을 할 수가 없었다. 우리도 남·북 간에 전쟁이 일어난다면 베트남전과 같이 민족주의자, 종북좌경세력, 간첩, 회색분자들이 곳곳에 박혀 분리 색출하고 차단하기가 대단히 어려울 것이며 이들 때문에 정치, 군사, 심리전에 상당히 어려움을 겪을 것이다.　　　－윤용남－

가장 위험한 잠재적인 적은

1. 비국가 단체이면서 대량살상무기를 보유하고 있거나 국민들의 의지를 공격함으로써 미국의 우세에 도전할 수 있는 특이한 방법을 보유하고 있는 집단.
2. 핵무기를 보유한 국가면서 이념적, 종교적, 정치적 또는 기타 이유로 한 개나 두 개 이상의 비국가 단체들과 손을 잡는 국가이다.
　　　　　　　　　　　　　　　　　－미통합지상작전(FM3-0)－

지형과 기상

아군의 전력이 충분하여 공격할 수 있는 능력이 있더라도 지형이 싸울 수 없는 지형이라는 것을 모르면 승리는 반반이다.

피·아의 능력, 지형의 잇점까지 안다면 군을 움직여도 실패하지 않을 것이다. 다시 말해 적을 알고 나를 알면 위태롭지 않고 지리(지형)와 천시(기상, 기후)까지 안다고 하면 싸움은 전승할 것이다.

-손자병법 제10편 지형地形-

지형에는 6가지가 있다.

1.통형通形 : 피·아 공히 자유로히 내왕할 수 있는 지형이다. 그러므로 먼저 높은 양지 쪽을 점거하고 전투 지원을 위한 보급로를 확보하면 전투에 유리하다.

2.괘형掛形 : 가기는 쉬워도 돌아오기는 어려운 곳이다. 적의 방비가 허술할 때 나가서 싸우면 이길 수 있지만 적의 방비가 강할 때 나가 싸우면 이기지 못할 뿐만 아니라 돌아오기도 어렵기 때문에 불리하다.

3.지형支形 : 피·아 공히 불리한 곳으로 하천, 습지, 적설지이다. 이런 곳에서는 적이 비록 이익으로 유인해도 진격하지 말아야 하며 더구나 정면으로 공격해서는 안된다. 후퇴하거나 우회하여 적을 유인한 뒤 기회를 놓치지 않고 공격해야 한다.

4.애형隘形 : 협소한 지형을 말한다. 높은 산과 절벽으로 둘러 쌓여 출입하는 입구가 좁다란 병목 같은 지역을 말하며 그러한 곳에서는 아군이 먼저 점령하게 되면 방어 태세를 철저히 하고 적의 공격을 기다려야 한다. 적이 먼저 이러한 지형을 점령하여 방어 태세가 견고하면 싸우지 말고 그 태세가 허술하면 공격하는 것이 좋다.

5.험형險形 : 험준한 지형으로 난공불락의 요지를 말한다. 그러한 곳에서는 아군이 먼저 그곳을 점거하면 높고 양지바른 쪽을 차지

하여 적군을 기다리고 적이 먼저 점거하였으면 철수하는 것이 좋으며 공격하여도 전혀 승산이 없다. 더욱이 유인전에 속아 경솔하게 응전해서는 안된다.

6. 원형遠形 : 양군의 위치가 멀리 떨어져 있어서 서로가 도전하기도 어렵고 싸워도 별로 이익이 없다. 거리가 문제가 되겠지만 군수 지원이나 전투력의 이동 등을 고려해야 할 것이다.

-손자병법 제10편 지형地形-

부하들에게 심리적으로 안정감을 줄 수 있고 기동성을 발휘할 수 있는 곳에 주둔하거나 기동시켜야 한다. - 손자병법 제9편 행군行軍-

진군의 법칙은 큰 골짜기의 출입구와 큰 산 기슭과 같은 비좁고 험한 지형에 부대를 진군시키면 적의 기습을 당하기 쉬우므로 가지 않는 것이 좋으며 부득이한 경우에는 지체 없이 통과해야 한다. -오자吳子-

절벽으로 둘러 쌓인 깊은 계곡, 사방이 높고 가운데는 낮아 물이 고이는 분지, 협소하여 감옥과 같은 곳, 초목이 밀생하여 움직일 수 없는 숲, 수렁, 동굴처럼 협소한 길 등은 사지死地로서 최대한 피해야 한다. 아군은 그러한 곳을 향하고 적은 그러한 곳이 배후가 되도록 해야 한다. 사지와 같은 험준한 지형은 적이 매복할 확률이 많으므로 수색 정찰에 주의를 기울여야 한다. -손자병법 제9편 행군行軍-

기상과 기후는 인간의 신체활동에 영향을 미쳐 전투 활동뿐만 아니라 무기체계의 작전 운영과 첨단 무기체계의 효과 제한, 전투지원 및 전투 근무 지원에 많은 영향을 미친다. -윤용남-

미래전의 경우에는 기상과 기후조건의 영향을 받지 않는 전천후 전투양상으로 발전될 것이므로 기상 극복 가능 무기 개발에 박차를 가해야 한다.

-윤용남-

정신전력

전쟁술은 생존문제와 정신력을 다루는 것이며 용기와 자신감은 전쟁에서 핵심적인 것이다.　　　　　　　-클라우제비츠(Clausewitz)-

전투에 관한 연구는 항상 공포와 용기에 관한 연구이다.

-하버트 버터필드(Herbert Butterfield)-

전쟁은 위험하고 육체적 고통을 요구하며 불확실하다. 전쟁에는 우연이 많다. 이를 극복하기 위해서는 정력, 단호함, 완강함, 강한 감정, 강한 성격, 방향감각이 필요한 정신력이다.　　　-클라우제비츠(Clausewitz)-

전쟁에 있어서 성공의 4분의 3은 정신에 달렸으며 물질적 상황 여하에 의하여 결정되는 것은 4분의 1에 불과하다.　　-나폴레옹(Napoleon)-

물질이 칼집이라면 정신력은 칼의 시퍼런 날이다.

-클라우제비츠(Clausewitz)-

정신적 요소는 전쟁에서 가장 중요한 요소로서 정신은 전쟁의 모든 요소에 침투하고 다른 요소에 앞서서 모든 전력을 움직이는 의지와 결부하고 의지와 합체한다.　　　　　　　-클라우제비츠(Clausewitz)-

정신적 결속력을 상실한 측에 패배의 위협이 닥치는 법이다.

-뒤 피크(Ardant du Picq)-

군대의 정신적 요소는 최고 지휘관의 재능, 군대의 무덕武德, 민족정신, 대담성, 끈기이다.   *-클라우제비츠(Clausewitz)-*

군대의 용기와 정신력은 어느 시대나 군대의 물리적인 전투력을 몇 배나 강력하게 만들었고 앞으로도 그럴 것이다.   *-클라우제비츠(Clausewitz)-*

물질적 전투력의 뒷받침을 받는 합리적인 정신 전력이 되어야지 물질적 전투력의 뒷받침이 없는 정신전력은 무가치하다.   *-조명제-*

정신력이란 부하가 지휘관과 같은 뜻을 가진 상태를 말한다. *-손자孫子-*

병사의 영혼은 오직 엄격한 훈련, 규율, 명예, 그리고 군인다운 행위를 통해서만 형성되고 발전할 수 있다.   *-호머 리(Homer Lea)-*

엄정한 군기, 앙양된 사기, 강력한 단결은 지휘관의 의도대로 부대를 행동시키는 첩경이다.   *-패튼(George S. Patton, Jr)-*

전술 핵무기에 의한 전투 상황 하에서 강조되어야 할 사기, 생존가능성, 리더십의 문제와 함께 미래전에 있어서 중요한 인간적 요소에 대한 연구가 행해져야 한다.   *-두푸이(T. N. Dupuy)-*

전쟁공포증 극복

전쟁터에서 진짜 적은 총검이나 총탄이 아니라 공포다.
                                  -로버트 잭슨(Robert Jackson)-

전투 중 장병들의 전장심리에서 지배적인 비중을 차지하는 요소는 전쟁공포증이다. 이를 극복하는 길은 엄정한 군기, 투지, 인내력, 과단성, 극기

심, 희생정신, 정의감 등이다.　　　　　　　　　　　　　　-이스라엘군-

공포는 부대원간의 일체감, 소속감, 훈련, 군기, 부대와 지휘관에 대한 확신, 상황에 대한 지식과 부대 정신 및 충분한 휴식으로 제거될 수 있다.
　　　　　　　　　　　　　　　　　　　　　　　　　　　-大橋式夫-

전쟁에서 신병들은 오직 새까만 밤 속을 걷는 것과 같다. 계급고하를 막론하고 누구도 전쟁 중 첫 번째 전투에서 공포와 공황을 체험시켜서는 안된다.　　　　　　　　　　　　　-클라우제비츠(Clausewitz)-

장교들은 부하들과 개인적이고 전우로서의 관계를 가지도록 병사들의 심리를 세밀히 파악하고 자신의 솔선수범과 병사들에게 자신감을 심어주기 위해 노력해야 한다. 한 부대가 적과 교전 중 고립되어 역경에 처할 경우 반드시 구원 부대가 올 것이라는 신념을 심어주어 공포와 불안감을 최소화 시켜야 한다. 군대의 통솔에 심리적 요소가 무엇보다도 중요하다는 것을 장교들은 명심해야 한다.　　　　　-롬멜(Erwin Rommel)-

제군들! 겁먹는 것을 걱정하지 말라! 모든 사람이 다 전투에 돌입할 때 겁을 먹는다. 두려움이 없다고 하는 자는 새빨간 거짓말쟁이다. 본인은 어느 누구보다도 잘 안다. 본인은 수없이 많은 전투에 참가했으며 그 때마다 겁을 먹었다. 본인의 생각으로는 겁을 먹지 않은 자가 오히려 이상이 있는 것이다.
자! 여러분이 언제 두려움을 멈출 수 있는지 말해 주겠다. 바로 첫 포탄이 터지고 여러분의 이마를 훔치는데 그 손에 가장 친한 전우의 피와 창자가 묻어 나올 때 바로 그 순간 여러분은 겁이 싹 달아 날것이다. 그 때 비로소 여러분들은 무엇을 해야 할지 알게 될 것이다. 여러분들은 친구를 죽인 그놈들이 여러분들을 죽이기 전에 먼저 죽여야 한다. 죽느냐, 죽이

느냐 바로 그것이 전쟁이다.   *-패튼(George S. Patton, Jr)-*

전쟁에서 파괴력을 지닌 물질적 효과와 전투 공포증을 제거하는 정신적 효과는 같다. 전투는 반대되는 두 의지의 대립 즉, 정신적 힘의 충돌이지 물질적 충돌 만은 아니다.   *-뒤 피크(Ardant du Picq)-*

전투 중 탄알세례는 그것을 두려워 하지 않는 자보다 두려워 하는 자에게 쏟아진다.   *-무스타파 케말(Mustafa Kemal)-*

예로부터 적을 피하는 병사는 사살된다고 전해져 왔다. 적으로부터 도망치느니 차라리 병원 침대 위에 누워 있는 것이 낫다.   *-패튼(George S. Patton, Jr)-*

두려움은 죽음보다 더 많은 사람을 죽인다. 무의미한 죽음 보다는 의미있는 투쟁을…..   *-패튼(George S. Patton, Jr)-*

전투의지 고양

아무리 좋은 무기, 장비, 훌륭한 계획을 가지고 있더라도 싸우고자 하는 정신과 의지, 자신감이 없으면 이는 군인도 아니고 군대도 아니다.   *-윤용남-*

전쟁이란 곧 사람을 죽이는 일이다. 그것이 전쟁의 전부이다. 우리가 승리하고자 한다면 적이 우리를 죽이기 전에 우리가 적을 먼저 죽여야 한다.   *-패튼(George S. Patton, Jr)-*

적군을 무찌르게 만드는 원동력은 적개심이고 적을 무찔렀을 때 얻는 이익은 포상이다.   *-손자병법 제2편 작전(作戰)-*

군사작전은 장병들의 용기, 복종, 의무감, 성공하겠다는 확고한 의지 등을 요구한다.   *-독일 지상군 기본교리-*

군인의 전투의지는 임무의 필요성을 이해하고 합법적인 임무를 수행하고 있다는 사실을 인지 하는 것과 특별히 어려운 시기에 지원이 될 것이라는 확신을 갖는 것은 그들에게 개인적 희생을 해야 하는 경우에도 최선을 다할 수 있는 힘을 준다.   *-독일 지상군 기본교리-*

전쟁의 첫 번째 조건은 과감한 행동이며 모든 군사 작전의 최종 목표는 적의 유생역량을 격멸하는 데 있다. 부대의 전투력은 장병의 군인 기질과 전투 의지에 달려 있다.   *-밴 플리트(James Alward Vanfleet)-*

인간은 절망의 정점에 이르면 이성적으로 행동할 수가 없으며 다른 탈출구가 보이지 않으면 대담한 돌출행동을 하게 된다.
                                -클라우제비츠(Clausewitz)-

죽게 되는데 어찌 장병들이 힘을 다해 싸우지 않겠는가! 장병들이 극한 상황에 빠지게 되면 오히려 두려워 하지 않게 된다. 빠져 나갈 길이 없으면 더욱 단결하게 된다. 적국 깊숙이 들어가면 얽매인 것처럼 되어 부득이 싸울 수 밖에 없게 된다.   *-손자병법 제11편 구지九地-*

부하들이 결사적으로 싸우게 하는 힘을 발휘하게 하려면 인위적이거나 형식적인 상황 설정으로는 힘을 발휘하게 할 수 없고 인간의 능력으로는 어찌 할 수 없는 자연적인 상황 속에 군사를 투입해야만 손목을 마주잡고 가듯이 하나가 되어 목숨을 내놓고 싸운다.
                         -손자병법 제11편 구지九地-

휘하 장병들에게 임무만 부여하라. 기밀 누설과 사기를 고려하여 구구하게 그 이유를 설명할 필요가 없으며 만일 설명을 해야 할 필요가 있을 경우 유리한 점만 알리고 불리한 점은 알려서는 안된다. 그러나 경우에 따라서는 임무를 부여하기에 앞서 위험한 상황 속에 있다는 사실을 알려 결전의 의지를 고양시켜야 한다.　　　　　　－손자병법 第11편 구지九地－

전쟁 중 휴전 협상이 장기화되면 군인들은 적극적으로 싸우고자 하는 의지보다 어떻게 살아 남느냐가 목적이 되어 군사작전이 소극적이 되기 쉽다.

필승의 신념과 전투의지를 고양시키기 위해서는
1. 전략과 작전계획을 수립할 때 승산이 있는 계획이어야 한다.
2. 지휘관의 능력이 출중해야 한다.
3. 적정과 지형, 필승할 수 있다는 자신감이 있어야 한다.
4. 평소 철저한 교육훈련과 완벽한 전투태세를 갖추어야 한다.
5. 군의 편성, 무기체계, 교육 훈련을 통하여 평소 강한 전투력을 갖추고 있어야 한다.　　　　　　　　　　　　　　－울료자尉繚子－

부하들에게 필승의 신념을 심는 방법은 승리의 기회를 만들어서 스스로 체험케 하는 것이다.　　　　　　　　　　－롬멜(Erwin Rommel)－

전쟁이란 사기 즉 전투의지의 쟁탈전이다.　　　－이위공문대李衛公問對－

필사즉생必死則生, 필생즉사必生則死　　　　　　　　　　　－이순신－

사람들은 국가와 가족이라는 두 개의 대상에 대해 충성심을 가진다. 그러나 대부분의 사람들은 가족에 대한 충성심 쪽이 더 강하다. 자기의 가족이 안전하게 되어 있는 한 그들은 국가를 방위 하려고 하는데 그것은 자기들의 희생에 의하여 자신의 가족이 보호된다고 믿기 때문이다. 그러나 자기들의 가족 자체가 위협을 받고 있을 때에는 애국심, 규율, 그리고 전우애의 유대도 허물어지고 만다. 그러므로 이 두 개의 충성심이 서로 상극하도록 만들기 위해 윌리엄 셔먼(미국 남북 전쟁시 북군장군) 장군은 남부 연방의 군대 뿐만 아니라 그 국민의 후방에 대해서도 치명적인 공격을 가해 남부 병사들의 전투 의지를 파괴시켰다.

-리델 하트(B. H. Liddell Hart)-

어느 전투, 어느 전쟁에서나 겉으로 보기에는 더욱 많은 노력과 자원, 신념이 끝없이 요구되나 쌍방이 전의를 상실하는 때가 온다. 이런 시점에서 새로운 활력을 가지고 버텨 나가는 쪽이 승리한다.

-웨스트모어랜드(William C. Westmorland)-

첨단 군사과학 문명의 발달로 무기·장비의 발전은 전장 환경을 극적으로 변화시키고 있다. 생존과 승리를 위해 군대는 소규모 부대 단위로 광범위하게 분산되어 작전을 수행해야 한다. 따라서 병사들은 스스로 사고 할 수 있어야 하고 전투기량이 뛰어 나야 하며 소부대 지휘관(소, 중대장)은 독단으로 전투를 수행할 수 있어야 한다. 또한 병사 개개인의 자발적인 전투의지의 고양과 소부대 지휘자의 능력과 소부대의 응집력이 그 어느 때보다 요구된다. 응집력은 동료와 리더에 대한 신뢰는 물론이고 지휘관에 대한 존경과 병사들에게 관심을 가져줄 것이라는 믿음에서 형성된다.

-윤용남-

용기
용기야 말로 인간을 위대하게 만드는 것이다.　　-클레망소(Clemenceau)-

용기는 인간의 여러 가지 속성 중에서 으뜸으로 평가 받는다.

-처칠(Winston S. Churchill)-

용기와 자신감은 전쟁의 본질적 원리이며 군인이 갖추어야 할 덕목 중에서 가장 고귀하다.　　　　　　　-클라우제비츠(Clausewitz)-

군인의 기본적인 특성은 극기와 절대적인 용맹성이라는 고귀한 정신적 가치를 지니는 점에 있다.　　　　　-무스타파 케말(Mustafa Kemal)-

사람의 목숨은 하느님 손에 달려 있어서 죽을 시기가 정해져 있기 때문에 그 때가 오지 않으면 절대로 죽지 않는다.　-스웨덴 챨스 12세 국왕-

전투에 있어서 적의 병사들을 죽이는 것보다 적의 용기를 죽이는 것이 중요하다.　　　　　　　　　　-클라우제비츠(Clausewitz)-

용기는 모든 군사 활동을 성공시키는 기초이며 용기 중에 도덕적 용기는 최고의 미덕이다. 도덕적 용기란
1.움직이지 않는 결단
2.모험을 행하는 배짱
3.결과에 대해 전적으로 책임질 각오
4.보상을 부하들과 나눌 마음 가짐
5.실패했을 경우 처벌을 받을 준비
6.성패에 억눌림 없이 감행할 수 있는 불요불굴의 정신
　　　　　　　　　　　-조지 마샬(George C. Marshall)-

군대의 용기와 전의라는 것은 어떠한 시대에도 물리적인 힘을 증가시켜 왔으며 차후에도 그럴 것이다.　　　-클라우제비츠(Clausewitz)-

군인의 용기는 보상되고 존중 되어야 한다.　　　　－조미니(Jomini)－

한국군은 승리자의 자리에 섰을 때는 아주 용감하지만 전세가 불리해지면 쉽게 포기하고 무너져 버린다.　　　　　　　　　　－백선엽－

신뢰

지휘관이 부하로부터 신뢰를 받고 부하들은 그 지휘관 휘하에서 자신들의 이익이 최대한 보장된다는 것을 느낀다면 그 지휘관은 무한한 재산을 소유한 것이며 대단한 성취를 이룰 수 있다.

　　　　　　　　　　　　　　　　　－몽고메리(B. L. Montgomery)－

피로, 공포, 소름끼치는 상황, 심한 결핍, 종국으로는 부상의 확실성과 죽음의 가능성, 그런 모든 것이 전쟁터에 도사리고 있다. 병사는 그가 용기를 가지고 자기가 무엇을 위해 싸우는지 알고 직속상관과 전우들을 신뢰한다면 그리고 결코 불가능한 일을 하도록 요구받지 않으리라는 것을 안다면 그런 모든 어려움을 무릅쓸 것이다.　－몽고메리(B. L. Montgomery)－

자기 부하들을 돌보고 그들의 생명을 보호하는 장군, 그리고 최소한의 인명 손실로 전투에서 승리하는 장군은 부하들의 신뢰를 받게 된다. 모든 군인들은 성공적인 장군을 따르기 마련이다. 그러므로 장군은 자기 부대원에게 갈채받는 사람이 되기 위해 가능하면 전쟁 중에 부하들과 많은 이야기를 나눠야 한다.　　　　　　　－몽고메리(B. L. Montgomery)－

신뢰는 부대가 잘못된 방향으로 가고 있거나 정보가 불충분하다거나 피할 수 있는 손실을 감수해야 한다는 느낌을 갖게 될 때 가장 많이 떨어지고, 자신의 부대에 항상 과도한 임무를 부여하는 리더는 지휘의 신뢰성을 무너뜨린다.　　　　　　　　　　　　　　　　　－독일 지상군 기본교리－

항상 부대원과 대화를 나누도록 해라! 그들이야말로 어느 누구보다도 전쟁에 대해 잘 알고 있다. 여러분들은 그들이 갖고 있는 모든 사실을 알도록 해야 한다. 그래서 우리가 그들에게 도울 수 있는 모든 것을 하고 있다는 사실을 그들에게 확신시켜야 한다. 전쟁은 여러분이 아니라 바로 그들 병사들이 승리로 이끈다. 그들과 끊임없이 대화를 나누도록 하라. 여러분들이 그들을 신뢰하지 않으면 그들 또한 여러분을 신뢰하지 않을 것이다. 안락 의자에 앉아서는 훌륭한 결정을 내릴 수 없다.

-패튼(George S. Patton, Jr)-

단결과 전우애

오자吳子는 전쟁에 임하여 제일 먼저 단결을 강조했다.

1. 나라가 불화하여 온 국민이 단결되지 못하면 전쟁은 불가하다.
2. 군이 단결되지 못하면 부대를 움직여서는 안된다.
3. 부대가 단결되지 못하면 전투를 해서는 안된다.
4. 전투에 임하여 단결되지 못하면 승리를 거두지 못한다.

아무리 잘 훈련된 병사라도 아무렇게나 혼성하면 완전한 단결을 이루지 못한다. 서로 알지 못하는 네 사람의 용감한 사람이 한 마리의 사자를 공격하지 못한다. 그러나 별로 용감하지 않은 병사라도 서로 잘 아는 경우 그들은 신뢰와 협조로 단호히 사자를 공격할 수 있다.

-뒤 피크(Ardant du Picq)-

위대한 작전성과는 오직 리더와 부대 사이에 단결력이 형성되었을 때 나타난다.　　　　　　　　　　　*-독일 지상군 기본교리-*

단결을 저해하는 요인은 공포와 적의 심리전 공격이다. 공포를 잘 관리하지 못하면 공황으로 발전된다.　　　　*-독일 지상군 기본교리-*

국민들이 군인을 보는 눈이 과거와 같지 않다고 하는데 그러면 군인들끼리는 서로 잘 대해주는지 한 번쯤 생각해 보아야 한다.

"안에서 대접 못 받는데 어떻게 밖에서 대접받길 바랄 수 있겠는가!"

-윤용남-

우리는 서로 의지하였다. 우리는 전우가 적탄에 맞아 쓰러지게 내버려 두지 않았다. 전우가 죽으니 차라리 자신이 죽는게 더 낫다고 생각하였다. 이러한 생각은 우리들을 당황하게 하거나 불안하지 않게 하는데 큰 힘이 되었다.

-제2차세계대전시 어느 부상병-

전우애는 장병들이 수행하는 활동에 서로를 위해 있어주는 것으로 표출된다. 리더는 예하 지휘관과 부대들과 가능한 자주 개인적인 접촉을 하고 중대한 상황에서는 선두에서 부하들을 이끌어야 한다.

-독일 지상군 기본교리-

희생을 같이 한다는 인식은 전투력을 강하게 결속시키는 본질이다.

-풀러(J. F. C. Fuller)-

나는 이 전쟁의 마지막 전투에서 마지막 총탄에 맞아 죽고 싶다.

-패튼(George S. Patton. Jr)-

평소에 강한 군인정신을 유지하기 위해서는 우선 힘든 작업을 통해 부대원을 단결시킴으로써 평소에 빠질 수 있는 병영 생활의 무력감을 해소하고 적군을 경시하지 않는 대적 우위의 심리를 주입시켜야 한다. 또한 위대한 공적에 대한 야망을 고취시킴으로써 용기를 북돋우고 비굴한 자세에 대해서는 굴욕감을 느끼도록 만들어야 한다. *-조미니(Jomini)-*

사기, 복지

전쟁에서 사기와 장비의 비율은 3대 1이다.　　　　　　　-나폴레옹(Napoleon)-

부대의 사기는 부대 운용이 어떤 목적에 기여하고 합법적이라는 확신, 리더와 자신, 장비에 대한 신뢰, 전우애, 리더의 솔선수범과 동고동락으로 부터 조성된다.　　　　　　　　　　　　　　　-독일 지상군 기본교리-

승리를 보장하는 큰 요인은 군의 사기이다. 전시에 사기를 높이는 최고의 길은 전투에서 이기는 것이다. 군의 힘은 사기와 투혼, 지휘관과 부하들 간의 상호신뢰, 무형의 정신력이며 훈련과 전우애 또한 큰 몫을 한다.
　　　　　　　　　　　　　　　-몽고메리(B. L. Montgomery)-

말단 부대의 사기는 우선 병사 개개인이 근심걱정이 없고 소외 당하지 않고 개인이나 소속 부대가 무엇이든 잘해서 자부심을 갖도록 하면 높아질 수 있다.　　　　　　　　　　　　　　　　　　　　-윤용남-

적군의 사기를 빼앗고 적 지휘관의 마음을 빼앗아야 한다. 용병에 능통한 지휘관은 적군의 사기가 왕성할 때는 피하고 해이해지거나 나태할 때 공격한다. 이것이 사기를 다스리는 방법이다.　　-손자병법 제7편 군쟁軍爭-

병사들은 무슨 일이 진행되고 있는가를 알고 싶어하며 장군이 자신들에게 무엇을, 언제, 왜, 원하는지를 알고 싶어한다. 또 그들은 자신이 지시받은 대로 했을 때 그 장군 휘하에서 자신들의 이익이 절대적으로 보장되는 가를 알고 싶어 한다. 당연히 그들은 장군을 직접 만나보고 장군이 어떤 부류의 사람인가를 알아보고 싶어한다. 이런 모든 것을 장군이 이해한다면 사기는 더 높을 것이다.　　　　　　　-몽고메리(B. L. Montgomery)-

전시에 가장 중요한 한 가지 요소는 사기이다. 국민들이 싸우려는 의지를 갖고 있지 않다면 장기간 전쟁을 수행하는 것은 불가능하다. 그럴 경우 군사력도 제 기능을 발휘하지 못할 것이다. 전투에서 가장 중요한 사기가 저하 되어서는 어떤 전략도 성공을 거둘 수 없다. 일단 사기가 떨어지면 패배를 면할 수가 없다.　　　　　　　　　　－몽고메리(B. L. Montgomery)－

전투 중에 경우에 따라 파격적인 상을 주어 사기를 진작시키고 평시와는 달리 엄한 벌도 병행하면 전군의 부하들을 움직이는 것이 마치 한 사람을 부리듯 할 수 있다.　　　　　　　　　　　－손자병법 제11편 구지九地－

승리하기 위해서는 병사들의 마음을 분기奮起시켜야 한다. 이를 위해 신상필벌만으로는 불충분하다. 공이 없는 자에 대한 세심한 배려도 필요하다.
　　　　　　　　　　　　　　　　　　　　　　　　　－오자吳子－

인재를 발탁하여 적재적소에 배치하고 그 능력을 백분발휘 하도록 하고 응분의 대우를 하여 사기와 용기를 북돋워 주어야 한다.　　　－오자吳子－

전장이 교착 상태에 있을 때 전선의 사기는 땅에 떨어지고 군기는 위태로워지기 시작한다.　　　　　　　－해리 섬머스(Harry G. Summers Jr)－

상하 불신과 불화는 사기를 저하시키고 전의를 상실케 한다. 따라서 불신과 불화의 요소를 사전에 제거해야 한다.　　　　　　　－사마법司馬法－

장병 여러분! 여러분은 헐벗고 굶주린 상태에 있습니다. 정부는 여러분들에게 많은 빚을 졌습니다만 아무것도 줄 수 없는 형편입니다. 이런 난관 가운데 여러분이 지금 보여준 용기와 인내는 참으로 감탄할만 합니다. 그러나 여러분들은 아무런 조그만 영광도 얻은 것이 없습니다. 본인은 지구상에서 가장 비옥한 평야로 여러분을 안내하겠습니다. 풍요로운 지방과 부유한 도시 모두를 여러분은 마음대로 차지할 수 있습니다. 그곳에서 명예와 영광과 재산을 발견할것입니다. 장병여러분! 여러분에게 용기와 인내가 부족합니까?

　　　－나폴레옹(Napoleon)이 이태리 원정군 사령관으로 병사들의 사기를 고양시키기 위해 했던 유명한 연설－

사명감만 강조하면서 허리띠를 졸라매는 시대는 지났다. 배가 고프면 문제가 일어난다.

왜 군인은 가난해야 참군인이고 낡은 차를 타야 올바로 살아온 것처럼 되나요?　　　　　　　　　　　　　　　　　　　　　　*－어느 군인 가족－*

군기, 군법
군기는 군으로 하여금 통일된 행동을 할 수 있게 하며 개인을 전체 속에 융합시킨다.　　　　　　　　　　　　　*－루덴돌프(Erich Ludendorff)－*

군기는 군대의 기초이다. 엄한 군기를 유지하는 것은 모든 사람의 안전을 위해 반드시 필요하다. 복종 없이는 어떤 집단도 존속할 수 없다.

　　　　　　　　　　　　　　　　　　　　　　　－몰트케(Moltke)－

군기란 하나밖에 없어. 엄정한 군기! 군기를 이행하지 않거나 준수하지 않으면 여러분들은 살인자나 다름없어.　　*－패튼(George S. Patton. Jr)－*

군기는 외형적인 형식 일변도 보다는 오히려 정신적 확신 위에서 이루어져야 한다.　　　　　　　　　　　　　　　*－조미니(Jomini)－*

지휘통솔은 지휘관의 인격에서 나오는 애정을 기반으로 하여 군기를 단련하는 것임을 잊어서는 안된다.

군대가 너무 위엄을 내세우면 장병들이 사기가 죽어 전투력을 제대로 발휘하지 못하고 위엄이 적으면 정신이 해이해져 통솔하기가 어렵다. 따라서 중용이 중요하다.　　　　　　　　　　　　　　　　　－사마법司馬法－

병사들에게 복종정신을 주입하려면 평소에 신뢰 관계를 확립해두어야 한다.
　　　　　　　　　　　　　　　　　　　　　　　　　－손빈孫臏－

법령이 평소에 잘 지켜져야 명령을 하면 복종하지만 평소에 잘 지키지 않다가 명령을 하게 되면 그들은 복종하지 않을 것이다. 명령이 평소에 신뢰성이 있으면 여러 사람이 일치단결할 수 있다.
　　　　　　　　　　　　　　　－손자병법 제9편 행군行軍－

명령은 간단 명료하고 상벌은 엄해야 한다.　　　　　　　－오자吳子－

군법은 휘하 장병을 대상으로 해야 하며 이름과 덕행이 일치된 사람(지휘관)으로 하여금 시행케 해야 잘 시행된다. 법이 잘 시행되지 않을 때는 상관(지휘관)이 솔선수범 해야 한다.　　　　　　　　　－사마법司馬法－

로마의 군대는 천성적으로 굳센 군대가 아니라 군기가 강한 군대다.
　　　　　　　　　　　　　　　　　－베게티우스(Vegetius)－

로마의 장군들은 과실에 의한 죄에 대해서는 과격한 벌을 받지 않았다.
　　　　　　　　　　　　　　　－마키아벨리(Machiavelli)－

훌륭한 병사는 적보다 직속 상관을 훨씬 더 두려워 한다는 것이 로마군단 불멸의 정신이었다.　　　　　　　　　-에드워드 기번(Edward Gibbon)-

거물급에 대해서는 형벌이 너그럽고 부하들에게만 엄하여서는 안된다. 법 앞에는 만인이 평등해야 한다. 특히 고급간부가 군령을 어겼을 경우 예외 없이 극형에 처해 전군의 장병들을 각성시킬 필요가 있다.
　　　　　　　　　　　　　　　　　　　　　　-울료자尉繚子-

상후하박上厚下薄이면 반드시 망한다.　　　　　　　　-울료자尉繚子-

물리적 전투력
강군의 요건은 우수한 무기체계를 보유해야 한다.　　　-울료자尉繚子-

현대와 미래전에 대비하기 위해서는
· 선진 정보, 감시, 정찰체계
· 효과 중심 작전을 수행할 수 있는 정밀 타격 가능 무인 무기체계
· 신속하고 방호 가능한 이동능력
· 기상과 기후, 주·야, 지형에 영향을 받지 않는 무기체계
· 첨단 네트워크전 수행체계, 사이버전 체계 구축
· 생존성이 가능한 무기체계가 구비 되어야 한다.　　　　-윤용남-

부수적인 동반 피해를 최소화 할 수 있는 정밀 살상 무기 체계와 비살상 무기 체계의 균형 발전으로 적의 심리전과 공보전에 의해 문제가 일어나지 않도록 해야 한다.　　　　　　　　　　　　　　　　-윤용남-

대칭, 비대칭, High-Low전력의 균형 발전을 모색해야 한다.　　-윤용남-

전략적 차원에서 최대한 전투 무기·장비는 해외 도입보다 국내 개발 방식을 선택하는 것이 바람직하다.

재래식 무기만 가진 군대가 핵무기를 가진 적과 과연 전쟁이 가능할까?

-윤용남-

계획

전쟁은 권모술수로 대소大小, 강유剛柔, 분산과 집중, 적 상황, 지세에 따라 자유자재로 계획을 세울 줄 알아야 한다.　　　　-사마법司馬法-

대범한 계획은 성공을 거두고 경솔한 계획은 실패를 낳는다.

-클라우제비츠(Clausewitz)-

직면하게 될 전투에 대한 작전계획은 통상 사령관에 의해 수립되어야 한다. 이때 반드시 2개의 전투 상황을 고려하여 계획해야 하는데 하나는 현재 실시할 전투이며 또 하나는 차후전투이다. 전황이나 적 때문에 부득이하게 계획이 수립되어서는 안된다. 참모에게 너무 조언을 받아서도 안되며 참모는 계획이 수립되면 작전 실시까지 해야 할 세부사항을 처리하는 것이 주된 업무다.　　　　-몽고메리(B. L. Montgomery)-

적의 상황 변화에 신속하게 대응하기 위한 대안을 기본 계획 수립시 마련해 놓아야 한다.

작전계획을 수립하기 이전에 먼저 최고 사령관의 머릿속에 전반적인 전쟁의 밑그림을 그리는 '머릿속 작전 계획 수립'이 작전 구상이다. 군사 작전이 광범위하고 복잡할수록 작전 구상은 더 필요하다.
최고 사령관은 전쟁의 큰 틀을 통해

1.무엇을 위해 싸울 것인가?

2.최종 목표는 무엇인가?

3.어떤 방식으로 싸울 것인가?

4.나에게 가용자원은?

5.제한 사항은 무엇인가? 등의 질문에 스스로 대답하면서 머릿속 작전을 그려보는 것이 작전 구상이다.

작전을 계획할 때 지휘관은 작전이 충족하고자 하는 의도 즉, 결정적 작전, 여건 조성작전, 지원작전(전투근무지원, 후방작전, 부대방호, 전구내훈련 등)으로 분류하고 작전이 수행되는 지역에 따라 종심, 근접, 후방작전으로 분류하며 자신의 전술적 목표 달성을 추구해야 한다.

−독일 지상군 기본교리−

작전환경은 전투력 운용과 지휘 결심에 영향을 주는 요소로서 제반 상황과 환경의 혼합체다. 육군 지휘관들은 작전적 변수와 임무 변수를 고려하여 작전 환경을 분석함으로써 작전을 계획, 준비, 실시, 평가한다. 작전적 변수들은 PMES11-PT요인인 정치, 군사, 경제, 사회, 정보, 기반시설−물리적 환경, 시간으로 구성되어 있다. 임무변수는 METT-TC요소인 임무, 적, 지형 및 기상, 가용시간−가용부대 및 자원, 민간 요소 등의 변수로 구성되어 있다.

−미통합지상작전(FM3-0)−

작전계획은 비밀이 중요하며 적군을 공격할 때는 질풍과 같이 빨라야 하고 포착 섬멸할 때는 매가 먹이를 덮치듯이 신속해야 한다. 전쟁은 계곡의 격류와 같이 일거에 결말을 지어 아군의 손실을 최소화 해야 한다. 전투를 잘하는 자는 감정에 좌우되지 않고 싸우기 전에 주도면밀한 작전계획을 세워 승리를 확보한 뒤에 싸운다. 승자는 원칙에 따라 나아가다가 상황에 따라 응변하지만 패자는 편법으로 길이 아닌 길로 가다가 결국에는 실패한다. 장수는 자신이 갖추어야 할 위엄을 유지하고 병사는 각자의 임무를 사력을 다해 완수해야 한다. 군사 행동에 있어서는 기계奇計와 지모智謀를 중시하여 기奇와 정正이 배합된 작전계획을 수립하지 않으면 안 된다. 다시 말해 기습작전과 정공법을 배합하여 변화가 자유자재로울 때 승리할 수 있다.

-제갈량諸葛亮-

장군의 작전 성공이란 우연한 기회나 운명에 맡겨진 결과가 아니라 지력과 계획에서 나온다.

-나폴레옹(Napoleon)-

계획은 나무와 같아서 열매를 맺으려면 가지가 있어야 한다. 단일 목표를 가진 계획은 열매를 맺지 못하는 막대기처럼 되기 쉽다.

-리델 하트(B. H. Liddell Hart)-

승패를 결정하는 기동 계획이 간결하면 전쟁의 결과는 더욱 확실하다

-조미니(Jomini)-

전쟁에서 계속적으로 야기되는 문제를 사전에 마련된 계획으로 대처할 수 없는 경우가 많다. 그 때 그 때 군사적인 기지를 가지고 대처해야 한다.

-몰트케(Moltke)-

나는 결코 천재가 아니다. 내가 신속히 결단을 내릴 수 있었던 것은 평소에 여러 가지 상황을 구상해 두었다가 그 때 적용한 것에 불과하다.

-나폴레옹(Napoleon)-

상황을 크게 보고 적의 입장이 되어 판단하고 형식보다 실질이 중요하며 틀에 박히지 말고 적극적으로 맞서라.

-宮本武藏-

케스퍼 와인 버거(Casper Weinberger)미 국방장관의 무력사용 6가지 원칙

1. 미국은 국익에 절대적으로 필요하다고 인정되는 경우가 아니라면 해외에 병력을 파견해서는 안된다.

2. 일단 우리가 전투병력을 주어진 상황에 투입할 필요가 있다고 결정을 내리면 승리에 대한 분명한 확신을 가지고 총력을 기울여야 한다. 우리의 목표를 성취하는데 필요한 병력과 물자를 투입할 의지가 없다면 애초부터 어떠한 병력이나 물자도 투입해서는 안된다.

3. 해외에 군대를 파병하기로 결정을 내리면 분명하게 정의된 정치적, 군사적 목표가 있어야 한다. 그리고 우리 군대가 분명하게 정의된 목표를 어떻게 성취할 수 있을지에 대한 구체적인 계획이 있어야 한다. 임무 수행에 꼭 필요한 병력을 확보해서 파견해야 한다. 클라우제비츠 (Clausewitz)가 밝혔듯이 '전쟁을 통해 무엇을 얻고자 하는지 그리고 전쟁을 어떻게 수행할 것인지'에 대한 분명한 계획없이는 전쟁을 일으키지 않는다.

4. 우리의 목표와 투입한 병력의 규모, 구성 및 배치에 관해 지속적으로 재평가되어야 하고 필요한 경우 조정되어야 한다. 전쟁 동안 여러 가지 조건과 목표는 예외없이 변하게 마련이다. 조건과 목표가 바뀌면 그에 따른 우리의 전투요건도 바뀌어야만 한다. 다음과 같은 질문에 반복적으로 답함으로써 항상 우리의 위치를 잃지 말아야 한다. "이 전쟁은 국익에 부합하는가?" "국익을 지키기 위해 반드시 싸워야 하고 무력을 사용해야만 하는가?" 만약 그 대답이 "예"라면 우리는 반드시 이겨야 한다. 만약 그대답이 "아니오"라면 전투에 참여해서는 안된다.

5. 미국이 군대를 해외에 파병하기 전에 미국 국민들과 의회의원들도 지지할 것이라는 이성적 확신이 있어야 한다.

6. 미군을 전투에 파병하는 일은 최후의 수단이 되어야 한다.

지휘통솔

지휘는 지휘관이 지휘권을 바탕으로 부대 또는 개인에 대해 의지를 표명하고 지휘관의 의지에 따르게 하는 것이며 지휘권은 임무를 수행하기 위해 지휘관에게 부여된 고유의 권한이다. 지휘관은 맡은 바 임무 수행을 위해 지휘권을 행사하고 예하부대를 운용하며 그 권한에 상응한 책임을 진다. 권한은 위임할 수 있지만 그에 따른 책임은 면할 수 없다.

－일본 육상 자위대 야외령－

지휘관은 지휘의 중심이며 원동력이다. 그러므로 군의 성패는 그 군대보다 오히려 지휘관에 달린 바가 크다.   －大橋武夫－

지휘의 묘妙는 임기응변의 무궁함에 있다.   －大橋武夫－

항거하는 자를 토벌하는 것이 무武요, 순종하는 자를 달래어 놓아 줌이 문文이며 文과 武를 겸비하는 것이 덕德이다.   －관자管子－

우리가 가지고 싸우는 무기체계가 기계화될수록 그것을 다루는 정신은 기계적으로 되어서는 안된다.   －풀러(J. F. C. Fuller)－

치밀한 연구와 조사, 심도있는 과학적 통찰력없이 용기와 희생만으로 승리를 쟁취할 수 있었던 시대는 오래 전에 끝났다. 또한 훌륭한 개인적 품성, 용기있는 희생과 같은 도덕적 가치가 배제된 지식의 축적만으로 성공할 수 없다.   －무스타파 케말(Mustafa Kemal)－

고급 통솔자가 지휘, 통제, 통솔, 관리의 4가지 과정을 모두 사용하고 적절히 상황에 연결시킬 경우 지휘효과를 획득할 수 있다. 지휘는 의도를 전달하고 결과 달성을 위한 지침을 제공하기 위해 사용되는 과정이다.

통제는 한계를 설정하고 구조를 제공하기 위한 계획된 과정이며 관리는 계획 수립을 용이하게 하고 효율성을 촉진시키는 개념상의 과정이다. 그리고 통솔은 목적을 제공하고 동기를 부여하는 직접적인 영향력 행사 과정이다.
                        -미 교육사 편찬 고급제대 지휘 통솔(FM22-103)-

일사 분란한 지휘 체계 문제는 군의 존재 가치 차원에서 다루어야 한다.

군은 일사분란한 지휘 체계를 갖추고 지휘관의 작전 수행에 어느 누구도 간섭해서는 안된다.
                        -육도六韜-

모든 군사 업무는 군왕의 명령에 따를 필요가 없으며 전적으로 지휘관의 명령에 의해 집행되어야 한다. 군왕은 전투를 수행하는 장수(지휘관)에게 통솔권을 완전히 위임해야 한다.
                        -제갈량諸葛亮-

현대통신 기술의 발달로 고위 군사 지도자나 정치 지도자들이 멀리 떨어져서 작전의 세부 사항에 관여하고 싶은 유혹을 거부하기는 쉽지 않다. 아무리 우수한 최첨단 기술을 개발한다 하더라도 이러한 유혹이 제거되지 않는다면 승리할 수 없다.
                        -맥스 부트(Max Boot)-

지휘관의 의사는 내외를 불문하고 완전히 자주, 자유성을 발휘하도록 해야 한다.
                        -大橋武夫-

지휘관의 솔선수범, 동고동락, 엄격한 군령과 신상필벌, 전장을 직접 보고 나를 따르라는 영웅적인 전투지휘는 부하들로 하여금 전투 의지와 사기를 고양시켜 목숨을 아끼지 않고 싸우게 만들었다. 그러나 핵무기를 비롯한 최첨단 군사 무기장비의 발전과, IT산업의 발달로 실시간 정보의 공유와 신속한 작전속도로 지휘관이 시시각각 모니터에 나타나는 정보의 선택과 임기응변의 지휘 조치로 최전선에서 부하들을 직접 이끌어야 한다는 원칙들이 설득력을 잃어가고 있다. 따라서 최일선에서 싸우는 병사와 하급부대에 대해 어떻게 전투 의지를 고취시키고 공포감을 극복하도록 해줄 것이며 부하들로부터 어떻게 신뢰를 획득할 것인가에 대한 새로운 리더십에 대해 깊이 생각해야 한다.

-윤용남-

임무형 지휘는 예하 지휘관들에게 자신들의 임무를 수행하는 방법에 대한 자유와 재량권을 부여한다. 임무형 지휘는 상호 신뢰에 기초하여 책임감을 가지고 상급자의 의도 내에서 임무를 수행해야 하며 임무 수행에서의 실수를 기꺼이 상급자들은 용인하는 것을 전제로 한다. 실수의 용인은 임무 수행간의 결함들이 상급 지휘관의 의도 달성을 위협하거나 장병들을 불필요한 위험에 처하게 할 경우에는 해당되지 않는다.

-독일 지상군 기본교리-

임무형 지휘는 높은 수준의 사고와 행동의 통일이 그 기초이며 성공을 위한 선결 조건이다. 장병들이 핵심가치를 공유하고 의무와 권리에 대한 공통의 이해를 가지며 극도의 정신적, 신체적 긴장 속에서도 법을 준수할 것을 요구한다. 이것은 많은 훈련과 교육이 필요하고 일반적이고 표준화된 용어를 사용하며 전술에 관한 동일한 이해를 갖는 장병들이 있어야 가능하다.

-독일 지상군 기본교리-

전장 상황을 가장 잘 알고 있는 예하 지휘관에게 상급부대 명령의 강요나 지나친 간섭은 주도권을 상실하게 만든다. 따라서 예하부대 지휘관은 상급 지휘관의 의도와 작전 목적에 부합되는 범위 내에서 행동의 자유와 책임감을 가지고 상급부대 명령의 적용 여부에 대해 깊이 생각하고 과감한 결단을 내려야 한다.

로마는 작전에 있어서 지휘관에게 충분한 권한을 주었다.

−마키아벨리(Machiavelli)−

전장에서 지속적으로 변화하는 상황과 예상치 못한 상황에 직면하여 명령이나 지시를 받지 못하는 상황에 처할 경우 해당 장교와 지휘관, 병사들이 추가적인 명령을 기다리지 말고 상급자의 의도 내에서 독단을 활용하여 자발적인 행동으로 임무를 완수할 수 있도록 충분히 훈련을 시켜야 한다. 그렇지 못할 경우 그들을 신뢰하고 의지할 수 있다고 믿는 것은 경솔한 판단이자 비극일 뿐이다. *−무스타파 케말(Mustafa Kemal)−*

전투시 지휘관의 위치는 전투 지휘와 장병들의 사기에 심대한 영향을 미친다. 때문에 지휘와 연락이 용이하고 전장의 상황을 잘 알 수 있으며 지휘관의 위엄과 덕망이 군대에 파급될 수 있는 곳을 고려하여 선정해야 한다. *−일본군 작전 요무령−*

성공한 리더들의 8가지 리더십 원칙
1. 반드시 정직함을 지켜 신뢰를 획득하라.
2. 자신의 할 일을 잘 알고 잘하라.
3. 희망목표를 분명히 밝혀라.
4. 솔선수범하고 헌신하는 모습을 보여라.
5. 긍정적인 결과를 기대하라.
6. 부하들을 챙겨라.
7. 나보다 임무에 우선을 두라.
8. 앞장서라. *−윌리엄 코헨(William A. Cohen)−*

리더십에 관한 맥아더(MacArthur)장군의 원칙
1. 나는 부하를 괴롭히는가 아니면 그들에게 힘을 주고 용기를 북돋워 주는가?

2.나는 의심할 여지없이 부적절하다고 판단된 부하들을 해고할 때 도덕적 용기를 발휘하는가?
3.나는 허약함과 그릇됨으로부터 벗어나기 위해서 내 능력이 미치는 범위 내에서 모든 용기와 창의력과 추진력을 발휘하는가?
4.나는 내가 책임지고 있는 병사들의 이름과 성격을 최대한 알고 있는가? 그들과 긴밀한 친분을 유지하는가?
5.나는 내 일과 관련된 기술과 필요한 사항, 일의 목적과 행정적 관리에 정통하고 있는가?
6.나는 개인적인 일로 화를 내지는 않는가?
7.나는 내 부하들이 나를 따르고 싶은 마음이 들도록 행동하는가?
8.나는 내 일을 남에게 떠넘기지는 않는가?
9.나는 내가 모든 것을 맡아 처리하려고 하면서 남에게 위임하는 것을 꺼리지 않는가?
10.나는 부하들에게 그들이 수행할 수 있는 최대한의 책임을 부여함으로써 그들을 발전시키는가?
11.나는 내 부하들의 개인적인 복지에 대해 내 가족처럼 관심을 갖는가?
12.나는 부하들에게 신뢰감을 줄만한 태도와 차분한 목소리로 얘기하는가? 아니면 성질을 부리며 쉽게 흥분하는가?
13.나는 인격, 의복, 행동, 예의 등에서 부하들의 모범이 되는가?
14.나는 상관에게만 친절하고 부하들에게는 야비하지 않은가?
15.나는 내 방의 문을 부하들에게 열어 두었는가?
16.나는 일 자체보다 지위에 더 연연해하지는 않는가?
17.나는 다른 사람 앞에서 부하들의 잘못을 지적하지 않는가?

하급 간부들이 상급간부들에게 기대할 수 있는 사항
1.하급 간부가 고의적이 아닌 실수를 저질렀을 경우 지적은 하되 창의력과 통솔력 개발을 위해서는 최소한 한 번은 관용을 베풀어야 한다.

2. 상급 부대로부터 필수적인 지침만 받고 기타 부분에 대해서는 자신이 전적으로 책임을 지고 자기부대를 발전 시킬 수 있도록 허용해야 한다.
3. 하급 간부가 가지고 있는 문제들에 대하여 도와주는 태도를 견지해야 한다.
4. 성실성.
5. 예하 부대들이 상호간에 비생산적인 '통계수치 경쟁'을 하지 않도록 해주어야 한다.
6. 지휘권을 최대한 존중해주어야 한다.
7. 예하 부대가 필요로 하는 것을 미리 예측하고 적절한 조치를 취해주어야 한다.
8. 상급 부대의 임무와 상황에 관해 계속적으로 알려주어야 한다.
9. 훈련, 근무, 리크레이션 계획 등은 심사숙고하여 작성해야 한다.
10. 명령과 결심은 적시적이고 명확하며 확신에 차 있어야 하고 계속 변경 되어서는 안된다.
11. 중요한 과업 부여시 전술 부대의 건제를 보존해주어야 한다.
12. 예하 부대를 평가시 한 두가지 요소의 실적만 기준으로 해서는 안되고 전반적인 부대 임무 수행능력을 기준해야 한다.
13. 예하 부대의 잘한 일을 파악, 포상하여 최대한 많은 사람들에게 동기를 부여함으로써 그들이 계속 개선해 나가도록 해야 한다.

-브루스 클라크(Bruce C. Clarke)-

지휘명령을 하달하는 단계가 많아지면 정확도와 속도 때문에 그 힘은 약화된다.

-클라우제비츠(Clausewitz)-

지휘하려면 복종하는 것을 배워야 한다.

-웨이강(Weigang)-

상부의 명령이라 할지라도 불리함이 확실한 전투를 행하는 것은 죄악이

다. 이러한 명령은 거부되어야 한다.　　　　　-나폴레옹(Napoleon)-

지휘관 자질

인간이 전혀 예상하지 않은 사태와의 냉혹한 싸움에서 견디어 내려면 사건의 진정한 성격을 신속하고 정확하게 파악할 수 있는 혜안과 강인한 정신력의 소산인 결단력과 침착성을 갖추어야 한다.

　　　　　　　　　　　　　　　　-클라우제비츠(Clausewitz)-

전쟁에서 국민의 생명과 국가의 안전과 명예를 맡길 수 있는 지휘관은 창조적인 능력보다 사려 깊은 사람, 전문적인 접근보다 포괄적인 이해력을 갖춘 사람, 그리고 격렬한 성격보다 냉정한 성격의 인물이어야 한다.

　　　　　　　　　　　　　　　　-클라우제비츠(Clausewitz)-

지휘관이 구비해야 할 첫번째 자질은 강렬한 의지와 실행력이다. 그리고 지성, 고매한 품성, 모든 책임을 담당할 수 있는 용기, 심사숙고한 후의 대담성, 선견 통찰하는 형안, 사람을 꿰뚫어 보는 식견, 타인보다 우수하다는 자신감, 비범한 전략적 식견, 탁월한 창조력, 적절한 종합 능력이 있어야 한다.　　　　　　　　　　　　　　　　-大橋武夫-

장수로서의 최고의 자질은 첫째로 중대한 결단을 내릴 수 있는 정신적 용기요 둘째는 위험을 두려워 하지 않는 육체적 용기이다. 그의 학문적 혹은 군사적 박식은 부차적인 문제이다. 장수는 박식한 사람이 될 필요는 없지만 전쟁술에 바탕을 둔 전쟁의 원칙은 완전히 터득하고 있어야 한다. 다음은 장수의 인간적인 자질이다. 타인을 질시하는 대신 용감하고 바르며, 확고하고, 강직하며 다른 사람의 장점을 평가 할 수 있는 사람, 그리고 이러한 장점을 자신의 영광에다 결부시킬 수 있는 능력을 가진 사람은 언제나 훌륭한 장수일 뿐만 아니라 위대한 인간으로 통용될 것이다.

-조미니(Jomini)-

전쟁에서 지휘관을 괴롭히는 것에는 불확실성, 위험, 육체적 피로와 고통, 마찰의 4가지가 있는데 이것을 극복하는 데는 이성의 힘(지성)과 감성의 힘(용기)이 필요하다. -클라우제비츠(Clausewitz)-

정신적인 특성은 이성(지성)과 용기로서 이성은 정신을 진실로 이끄는 내면적 불빛으로 통찰력을 말한다. 이러한 통찰력은 좁은 의미로는 신속하고 정확한 결단이며 넓은 의미로는 전쟁을 수행하는 순간에 내리는 결단 전부를 뜻한다. 육체적 눈이며 동시에 정신적 눈이다. 오직 진실을 재빨리 파악하는 눈이다. 용기는 내면적 빛을 따르는 결단력이다. 여기서 말하는 용기는 신체적 위험에 대한 용기가 아니라 책임에 대한 용기, 말하자면 정신적 위험에 대한 용기다. 정신적 용기는 이성의 행위가 아니라 감성의 행위이다. 강한 감성과 독특한 이성이 합쳐져야 결단력이 생긴다. 침착성은 통찰력이나 결단력과 밀접한 관계가 있다.

-클라우제비츠(Clausewitz)-

장수가 갖추어야 할 12가지 재능

1. 장수가 청렴하고 정직하면 그 부하들이 사私를 버리고 공公을 받들게 된다.
2. 장수의 마음이 움직이지 않고 초조하지 않으며 안정되어 있으면 능히 하는 일에 빠뜨림이 없으며 속지도 않고 혼란도 일으키지 않는다.
3. 장수가 공평하면 사심이 없고 표리가 없으면 부하들은 마음 속으로 복종하며 순종한다.
4. 장수의 마음이 정돈되면 흩어지지 않고 빠뜨림이 없으며 하등의 의혹이 생기지 않아 모든 일이 분명하고 정연하게 된다.
5. 장수는 도량이 넓어야 하며 남의 충고를 받아들여 취사 선택을 잘하여야 하며 편협되어서는 안된다.

6. 시비곡직을 잘 가려 옳은 자를 벌하는 일이 있거나 그른 자를 상주는 일이 있어서는 안된다.
7. 인재를 사랑하고 잘 받아들여 써야 한다. 아까운 인재가 쓰이지 않아서는 안되고 또 적재적소에 쓰는 데도 깊이 생각해야 한다.
8. 사람들의 말을 주의깊게 들어야 하며 옳은 말은 기꺼이 채택하고 그른 말은 버릴 줄 알아야 한다.
9. 적국의 실정과 풍속을 잘 알고 계획에 참작해야 한다.
10. 피·아 전장의 지형을 잘 알아서 지도에 그려 넣어 작전 계획에 도움이 되도록 해야 한다.
11. 전장의 특징을 잘 표시하여 이를 실전에 이용하도록 해야 한다.
12. 군주에게 물려받은 군 통솔 권한을 잘 이용하여 군을 지휘통솔 하는 데 만전을 기해야 한다.
−삼략三略−

지휘관의 자질은
1. 도덕적이어야 하며
2. 과욕을 하지 말아야 하며
3. 여자관계로 지저분하지 말아야 하며
4. 사생활이 너절해도 곤란하며
5. 업무보다 쾌락을 앞세워도 안되며
6. 부하를 개별적으로 친밀히 파악하고 있어야 한다.
−모세 다이얀(Moshe Dyan)−

우리는 이러한 지휘관이 되자
1. 장병과 더불어 산야에서 땀흘리며 고락을 같이하고 활동하는 것을 기질적으로 좋아하는 지휘관.
2. 자기 출세나 금전 등 이기적 목적을 초월한 어떤 사명감에 젖어서 몰아무욕沒我無慾의 경지에서 통솔하는 지휘관.

3. 자기의 걱정이나 노력으로 수십, 수천의 부하가 불필요한 고통이나 희생을 치르지 않고도 부여된 임무를 훌륭히 완수했다는 그 사실 자체에 보람과 기쁨을 느끼는 지휘관.
4. 군 존재의 대의에 통달하고 애국애족 할 수 있는 군대를 만들어 보겠다는 의욕에 찬 지휘관.　　　　　　　　　　　　　　 －大橋武夫－

성공적인 리더십의 비결은
1. 상황 전개를 올바르게 예측할 수 있는 능력.
2. 기다렸다가 실제로 발생한 상황을 파악할 수 있는 능력.
3. 병력과 자산을 조기에 투입하지 않고 멀리 내다볼 수 있는 능력.
4. 다양한 가능성을 생각하고 해결을 위해 당황하지 않는 능력.
5. 항상 가용시간을 확보하는 능력.
6. 정확한 순간에 신속하고 과감하게 행동할 수 있는 능력.

지휘관의 자질
1. 그는 무엇을 하려는 의지가 있는가? 무엇을 하려는 욕심이 있는가?
2. 그는 그것을 달성할 수 있는가?
3. 그는 능력이 있는가? 지식, 경험을 쌓고 있으며 목적을 달성할 수 있는 용기를 갖고 있는가?
4. 판단 능력이 있는가?
5. 필요하다면 운명을 걸고 한판 승부를 겨룰 수 있는가?
6. 조직을 만들어서 완전한 작전계획을 무리없이 신속히 실행으로 옮길 수 있는가?
7. 그리고 권한을 위임 및 분산할 수 있는가?
　　　　　　　　　　　　　　 －몽고메리(B. L. Montgomery)－

부드러움과 굳센 것柔剛, 강함과 약한 것強弱을 때에 따라 적당히 쓸 때 빛을 발한다. 너무 강하면 꺾인다. 강과 유가 서로 보완되어 부드러움 가운데 강함이 있고 강함 가운데 부드러움이 있어야만 적을 제압하여 승리할 수 있다.

-삼략三略, 제갈량諸葛亮-

아군에 유리한 기회가 오면 망설이지 말고 결단을 내려야 한다. 장수의 우유부단은 파멸의 구렁텅이로 떨어뜨린다. 유리한 기회를 놓치면 도리어 아군이 화를 당하게 된다. 지자智者는 때와 유리함을 쫓아 결코 늑장을 부리지 않으며 한번 결정한 이상은 조금도 긴가민가 하고 주저하지 않는다.

-육도六韜-

대담성에 의해서 패배하는 것보다는 우유부단에 의해서 패배하는 경우가 훨씬 더 많다.

-클라우제비츠(Clausewitz)-

훌륭한 장수는 결코 강한 힘이나 권세에 의존하지 않고 윗 사람이 총애한다고 해서 기뻐하지 않으며 욕한다고 해서 두려워 하지 않는다. 재리財利를 보고서도 탐욕하지 않고 미인을 보고서도 음심을 품지 않으며 자신을 나라에 바치고자 하는 간절한 열망을 끝까지 지킬 뿐이다. -제갈량諸葛亮-

장교는 다음 4가지 종류가 있다.
1. 현명하고 근면한 자는 고급참모 형에 좋고
2. 현명하고 태만한 자는 고급지휘관 형에 적합하며
3. 우둔하고 태만한 자는 어디에도 써 먹을 수 없다.
4. 우둔하고 근면한 자는 위험한 자니 즉각 해임해야 한다.

-독일군 격언-

군사지도자가 취해야 할 유일한 태도는 행동 방책에 대하여 적시적절 하게 결단을 내리는 것과 위기에 직면했을 때 냉정성을 잃지 않는 데 있다.

－몽고메리(B. L. Montgomery)－

지휘관에게는 관찰력보다 통찰력이 더 필요하다. 관찰력이란 사물의 외형적 현상을 보는 눈을 말하며 통찰력이란 그 사물의 내면과 외면까지도 꿰뚫어 보는 눈을 말한다.
－大橋武夫－

직관적인 판단력으로 사물의 본질을 꿰뚫어 보는데 중점을 두어라! 적의 심리를 간파하고 전장의 상황 판단과 피·아군의 힘의 강약까지 판단하면 승리할 수 있다.
－宮本武藏, 五輪書－

전쟁에는 결연한 의지, 승리에는 넓은 아량, 패배에는 완강한 저항, 평화에는 온정어린 호의가 있어야 한다.
－처칠(Winston S. Churchill)－

지휘관의 성격은 일반인이 갖춘 것 외에 자신감, 책임감, 투지, 전승에 대한 의지력이 있어야 한다.
－몰트케(Moltke)－

결연한 행동, 단호함, 설득력, 정신적 기민성은 성공적인 리더십의 선결조건이다.
－독일 지상군 기본교리－

장군이 갖추어야 할 첫 번째 자질은 용기이다. 용기가 없다면 제2의 자질인 두뇌나 제3의 자질인 건강 등 다른 모든 자질은 거의 가치가 없다.
－삭스(Maurice de Saxe)－

장교가 갖추어야 할 최우선의 자질은 극도의 헌신, 용기, 극기, 그리고 자기 희생이다. 장교는 절대로 자신의 임무보다 자신의 존재를 더 중시해서는 안된다. 장교는 자신의 의무를 완수하는 과정에서 필요시 모든 것을 희생할 준비가 되어 있어야 하며 미련을 가져서는 안된다. 생명과 안위를 희생해야 할 때 장교는 주저없이 전진해야 한다. 이것이 성실한 장교에게 요구되는 자질이며 우리의 신념 체계와 이슬람의 명령인 것이다.

-무스타파 케말(Mustafa Kemal)-

지휘자는 그가 원하는 것이 무엇인가를 알고 그것을 획득하기 위한 용기와 결단력을 갖추어야 한다. 지휘자는 자기 업무와 관련된 것에 진지한 관심과 해박한 지식 그리고 애정을 가지고 있어야 한다. 또한 무엇보다도 중요한 것은 전투의지 즉 승리하려는 의지를 가지고 있어야 한다.

-웨이벌(Archibald Percival Wavell)-

대담한 장군에게는 운이 따를 수 있지만 대담하지 않은 장군에게는 운이 따를 수 없다.

-웨이벌(Archibald Percival Wavell)-

훌륭한 지도자와 서투른 지도자를 구별하는 것은 전략의 원칙이 아니라 전쟁 기법에 관한 기본지식이다.

-웨이벌(Archibald Percival Wavell)-

위대한 지도자는 도덕성을 갖춘 야망, 카리스마, 대중의 영감을 불러 일으킬 수 있는 능력, 참모를 적절히 활용하는 능력을 겸비해야 하지만 그것과 더불어 그를 필요로 하는 시대와 만나야 한다.

-앤드류 로버츠(Andrew Roberts)-

어떤 특정한 고정된 사고에 집착함이 없이 자신의 주변에 일어나고 있는 상황을 충분히 파악하여 자유롭게 창의적인 착상을 할 수 있는 지휘관만이 승리를 얻을 수 있다.

-롬멜(Erwin Rommel)-

전투에 임하는 자에게는 승리하려는 마음과 적을 두려워 하는 상반된 심리가 작용한다. 전자는 용기가 용솟음치는 공격형이며 후자는 적을 경계하고 침착하게 대응하는 수비형이다. 따라서 지휘관은 용기와 경계심 두 가지 마음을 잘 감안하여 임기응변으로 활용할 줄 알아야 한다.

-사마법司馬法-

지휘관은 지형과 전사와 전술에 능통해야 한다.

-마키아벨리(Machiavelli)-

장교는 인내, 용기, 그리고 의무에 대한 헌신이 없이는 어떠한 영광도 누릴 수 없음은 물론 국민으로부터 존중받는 군대도 될 수 없음을 깊이 인식해야 한다.

-조미니(Jomini)-

장수가 군사를 쓸 줄 모르면 그것은 곧 나라를 적에게 내주는 것과 다르지 않다.

-유성룡-

장수된 자는 나라의 간성이요 임금의 어금니로서 승부의 결단은 화살과 돌이 쏟아지는 가운데서 하는 것이다. 위로는 천도天道를 얻고 아래로는 지리地理를 얻고 가운데로는 민심을 얻어야 성공할 수 있다.　-김유신-

국민이 군대와 지휘관을 믿고 아이들을 군에 보내도록 만들어야 한다. 개방적인 사회와 개방적인 군대에 적응할 수 있는 개방적인 지휘관의 존재가 무엇보다 중요하다.

-오리올(Vincent Auriol)-

장부로 세상에 태어나 나라에 쓰이면 죽기로 최선을 다할 것이며 쓰이지 않는다면 들에서 농사 짓는 것으로 충분하다. 권세에 아부해 한때의 영화를 누리는 것은 내가 가장 부끄럽게 여기는 바이다.

-이순신-

지휘관의 결심 가운데 위험이 크고 시간이 급박하면 위험이 작은 것이나 무난한 선택의 유혹에 빠지기 쉽다. 최선의 결심은 대부분 많은 위험을 각오하고 결단을 내려야 한다. *−이권헌−*

지위가 올라갈수록 무능해지는 장군이 적지 않다. 지위와 더불어 지력을 쌓지 않기 때문이다. *−클라우제비츠(Clausewitz)−*

능력에 상응하는 계급과 직책이 주어져야 한다. 무능한 자가 상관이 되면 부하들이 그를 경멸하여 상·하의 질서가 문란해진다. *−사마법司馬法−*

부하로부터 신뢰받는 지도자가 되려면 부하가 인정할만한 실력을 가지고 있어야 하며 이보다 더 중요한 것은 인간성 즉, 인간적인 매력이 있어야 한다. *−윤용남−*

용장과 약졸, 약장과 정병일 경우 용장과 약졸을 더 믿을 수 있다. *−마키아벨리(Machiavelli)−*

용장 아래 약졸 없다.

장수의 5가지 위험
1. 필사必死가 지나치면 무모하게 죽음을 당한다.
2. 오로지 살기만을 궁리하고 죽음을 두려워하면 적의 포로가 된다.
3. 성을 잘 내고 참을성이 없으면 적의 술수에 말려든다.
4. 지나치게 결백한 자는 명예손상이나 비방을 견디지 못한다.
5. 부하를 지나치게 사랑하면 가히 그 때문에 번민(계략으로 부하들이 괴로움을 당하거나, 냉정한 결단주저)할 수 있다.
−손자병법 제8편 구변九變−

패배를 자초하는 장수(지휘관)의 결점

1.능력이 없는 데도 있다고 착각하고 있다.

2.교만하다.

3.지위에 탐욕스럽다.

4.재화에 탐욕스럽다.

5.경솔하다.

6.둔하다.

7.용기가 없다.

8.용기를 가졌더라도 체력이 모자란다.

9.거짓말을 한다.

10.결단력이 없다.

11.동작이 느리다.

12.하는 일이 철저하지 못하다.

13.잔인하다.

14.제멋대로다.

15.스스로 규율을 어긴다.

경멸 받는 지휘관(상관)

1.지식, 경험, 식견이 없고 지휘 통솔 능력이 부족한 사람

2.공사를 혼동하고 공정성이 결여된 사람

3.결단력과 책임감이 없는 사람

4.우유부단하고 책임 회피적 행위를 하는 사람

5.부하에 대해 정情이 없는 사람

6.언행이 불일치 하고 솔선수범 하지 않는 사람

7.상관에게는 약하고 부하에게는 강한 사람

8.보신과 출세욕이 강한 사람

이 중 한가지라도 허물이 있으면 고위 지휘관이 될 자격이 없다.

장군의 기도

신이여! 우리 아들을 이러한 인간이 되게 하소서.

약할 때는 자기를 잘 분별할 수 있는 힘과 무서울 때는 자신을 잃지 않는 대담성을 가지고 정직한 패배에 부끄러워 하지 않고 태연하며 승리에 겸손하고 온유함을 가지는 인간이 되게 하소서. 우리 아들을 쉬운 안락의 길로 인도하지 마시옵고 곤란과 불의에 대해 분투 항거함을 알게 하소서. 폭풍우 속에서도 용감히 싸울 줄 알고 패자를 불쌍히 여길 줄 알도록 하여 주소서.

마음을 깨끗이 하고 목표가 고상하고 남을 정복하기 전에 자기를 먼저 정복하고 웃을 줄 아는 동시에 웃음을 잃지 않게 하시옵고 유머를 알게 하시고 인생을 즐기며 살아감과 동시에 삶을 즐길 줄 알고 장래를 바라보는 동시에 과거를 잃지 않는 자가 되게 하소서. 자기 자신을 너무 중대히 여기지 말고 겸손한 마음을 갖게 하소서. 참으로 위대한 것은 순박함과 온유함이라는 것을 명심하도록 하여 주소서.

신이여!

우리 아들을 이러한 인간이 되도록 하여 주소서.

하나님이시여! 힘을 내려 주시옵소서. 그 힘으로 우리가 승리를 향해 진격하여 인류와 국가와의 사이에 참된 정의를 수립할 수 있도록 도와주시옵소서.   *-패튼(George S. Patton, Jr)-*

(발지(Bulge) 전투에서 포위된 공정사단 구출작전시 부하들을 위한 기도)

참모의 길

1.사심을 버리고 지휘관의 방침에 충실할 것.

2.자기의 권한을 확인하고 겸양할 것.

3.타인과 밀접히 협조하며 유쾌하게 일하는 자질을 가질 것.

4. 전문지식을 깊이 양성하여 최대한으로 지휘관을 보좌할 것.
5. 예하부대 지휘관의 지휘권을 존중할 것.
6. 자기의 업무에 관하여 왕성한 책임감을 가질 것.
7. 대국적으로 사물을 보는 능력을 양성하고 아울러 끊임없이 부대의 실 정을 파악할 것.
8. 난국에 처했을 때 냉정, 침착하며 더욱이 능률적으로 임무를 수행하는 능력을 가질 것.
9. 풍부한 상상력과 장래에 발생할 수 있는 일들에 대하여 사전에 계획을 수립할 수 있는 능력을 가질 것.
10. 사고를 간결, 명료하게 표현하는 능력을 양성 할 것.

지휘관의 책임, 의무, 역할

상관이 좋으면 군대도 좋아하고 상관이 싫으면 군대도 싫어한다.

-윤용남-

하급제대에서 리더십을 구사하는 초급 지휘자는 정신, 체력, 전기, 전술 면에서 철인이 되어야 병사들이 간부를 닮아가고 싶어하고 그렇게 되도 록 만들어야 한다. 또한 진실된 마음으로 부하를 아끼고 솔선수범하며 어 렵고 힘든 일은 병사들과 함께 앞장서서 "나를 따르라"하는 식의 리더십 을 구사해야 한다.

-윤용남-

상급부대의 지휘관은 오케스트라의 지휘자와 같은 역할을 해야 한다. 오 케스트라의 지휘자는 한 유명한 곡의 악보에 따라 전 연주자가 각자의 연주를 한 사람의 실수도 없이 잘 연주하도록 유도함으로써 악보의 아름 다운 화음이 이루어지게 하듯이 주어진 임무 수행을 위해 구성된 제 분 야가 각자의 역량을 100% 발휘할 수 있도록 관심과 배려를 해야 하며 한 분야 한 사람이라도 소외되어서는 안된다.

-윤용남-

지휘관의 지휘 통솔

1. 업무의 능력과 판단력, 결단력, 용기있는 지휘관으로 부하들에게 인식 되어야 한다.
2. 부하를 정情으로 대하고 솔선수범하며 인격적인 대우를 해주라.
3. 말과 지시는 항시 일관성이 있어야 한다.
4. 윤리적, 도덕적 수범을 보이고 공명 정대하라.
5. 노블레스 오블리주(명예와 책임과 의무) 정신을 가지고 평시에는 "After you" 유사시에는 "Follow me"를 해야 한다.
6. 칭찬과 격려를 아끼지 말라.
7. 공식, 비공식, 수직, 수평 의사소통을 활성화 하라.
8. 한 사람이라도 소외감을 갖지 않도록 하라.
9. 임무수행이 미숙한 사람은 서서히 숙달시켜 안정과 자신감을 갖도록 하라.
10. 포상과 격려를 아끼지 말고 잘한 자는 포상하고 못한 자는 벌하라. (포상의 권위를 유지하고 남발을 경계하라)
11. 하급자가 고의적이 아닌 실수를 저질렀을 경우 지적은 해주고 관용을 베풀되 두 번 다시 실수를 하지 않도록 하라.
12. 지휘관은 항시 위험하고 어려운 일에 동참하여 부하들을 위해 있는 사람이라는 인식을 심어주라.
13. 하급자가 가지고 있는 문제를 정확히 파악하여 도와주고 해결해주는 자세를 견지하라.
14. 지휘관은 항시 부하들의 사기와 복지에 많은 관심을 가져라.
15. 내무 부조리를 철저히 뿌리 뽑고 전우애와 응집력을 고양시켜라.
16. 애정과 군기를 구분하고 군기를 바로 세워라.
17. 군인다운 외모와 복장에 관심을 가져라.   -윤용남-

지휘관이 부대임무 수행을 위해 예하부대와 참모, 하급자에게 지시나 명령을 내릴 때 고려해야 할 사항

1. 항시 야전성과 행동화가 가능한 업무를 지시해야지 탁상 행정적인 업무 수행은 지양되어야 한다.
2. 업무를 지시할 때는 위임할 것과 통제할 것을 구분하고 위임할 분야에 대해서는 권한과 책임을 함께 위임하되 궁극적인 책임은 지휘관 자신이 져야 한다.
3. 업무를 지시할 때는 목적을 분명히 알려주고 지침을 명확히 주라.
4. 결심과 명령은 적시적이고 명확해야 하며 계속 수정되어서는 안된다.
5. 지시는 적게하고 지시된 것은 철저히 실천하고 반드시 확인하라.
6. 지시된 일에 동참하고 현장에 나타나 관심을 보여라.
7. 하급자가 하는 일이 성공적으로 이루어질 수 있도록 중간 중간 확인하고 도와주라.
8. 치밀하고 계획성 있게, 깔끔하게 하도록 하라.(한 번 지시한 일은 용두사미가 되지 않도록 하라)
9. 예하부대가 필요로 하는 것을 미리 예측하고 적시에 조치해주라.
10. 과업 부여시 전술부대의 건제를 유지하고 기존 조직을 최대한 활용하라.
11. 포상과 격려를 아끼지 말고 잘한 자는 포상하고 못한 자는 처벌하라.
12. 상급 부대의 임무와 상황에 대해 계속적으로 알려주라.
13. 지휘관의 의도를 빨리 수용할 수 있도록 참모의 능력을 증진시켜라.

-윤용남-

적이 허약하게 보이면 진격하고 강력하게 보이면 후퇴하라. 자신의 신분이 높다하여 남을 깔보지 말 것이며 지나친 고집으로 부하들로부터 고립되지 말고 자신의 공적과 능력을 자랑하지 말며 충성과 신의를 잃지 말라. 부하가 쉬지 않을 때 먼저 쉬지 말고 부하가 먹지 않을 때 먼저 먹지 말라. 부하와 더위와 추위를 함께 하며 즐거움과 고통, 그리고 환난을 함께 나누어라.

이렇게 솔선수범하고 동고동락하면 그들은 목숨을 걸고 최선을 다할 것이며 적은 기필코 패망할 것이다.　　　　　　　　*-제갈량諸葛亮-*

장수(지휘관)가 직무를 수행함에 있어서 5가지 기본임무와 4가지 역점사항

5善

1. 적의 상황과 형세를 잘 분석하고 판단하는 것.
2. 공격과 후퇴의 시기를 잘 파악하는 것.
3. 국력의 허실을 잘 아는 것.
4. 천시를 알고 인사를 정확하게 하는 것.
5. 지형의 험준함을 잘 파악하는 것.

4欲

1. 작전시 상대의 의표를 찌르는 것(중심에 대한 기습)
2. 계략을 추진할 때는 엄밀하고 신중하게 하는 것(기도비닉)
3. 사람이 많고 일이 번거로우며 상황이 혼란스러울 때는 냉정을 찾는 것(군기, 군법)
4. 마음의 지향이 시종 한결 같은 것(일치단결)　　　*-제갈량諸葛亮-*

군대가 출동할 때 반드시 지켜야 할 장수(지휘관)의 행동원칙

1. 적정을 탐색한다.慮
2. 수집한 첩보를 분석 판단한다.詰
3. 대규모의 적이라 할지라도 절대 굴복하지 않는다.勇
4. 목전의 이익을 보고서도 먼저 '의'義를 생각한다.廉
5. 상벌을 공평하고 합리적으로 내린다.平
6. 치욕을 잘 참는다.忍
7. 도량이 크고 관대하여 사람들을 잘 단결시킨다.寬

8. 약속을 중시한다.信

9. 유능한 인재를 예우한다.敬

10. 중상 모략에 귀를 기울이지 않는다.明

11. 예법에 어긋나지 않는다.謹

12. 부하들을 관심을 가지고 사랑한다.仁

13. 국가가 필요하면 몸을 나라에 바친다.忠

14. 사물의 한도를 알고 처신한다.分

15. 자신을 알고 적을 안다.謀

－제갈량諸葛亮－

상관에게 지은 죄는 용서 받을 수 있으나 부하에게 지은 죄는 용서받지 못한다.

장교가 전장에서 자신의 육체를 보전하려 하면 수많은 국민들이 목숨과 명예를 잃고 비참한 신세로 전락하게 되어 조국의 영토에서 추방당할 것이며 그들의 신앙 역시 타락하게 될 것이라는 점을 생각해야 한다. 언젠가는 죽어 없어질 육신이 이런 것들보다 중요한가? 아까워서 내놓지 못할 만큼 가치가 있겠는가? 우리는 또한 주저함이 없이 바칠 목숨과 적의 발 아래에서 짓밟히고 더럽혀질 우리의 육체에 대해서도 생각해 봐야 한다. 장교 한 명의 목숨에는 그의 가족들의 목숨도 포함되어 있다. 따라서 장교는 극도의 헌신을 하겠다는 신념으로 무장하지 않으면 안된다.

－무스타파 케말(Mustafa Kemal)－

병사들의 사랑과 신뢰를 받고 사기를 드높이는 장교가 되어야 한다. 병사들이 장교의 권위를 인정하고 장교를 처음 본 순간부터 관대함, 다정함, 인품으로 자신들을 대해 준다는 것을 실감할 수 있게 해야 한다. 또한 병사들이 허심탄회하게 속마음을 장교에게 드러낼 수 있을 정도로 상호 신뢰를 구축해야 한다. 그렇지 않다면 아무 것도 이룰 수 없다.

전쟁터에서 가장 중요한 지휘관의 지휘 통솔은 공포감을 없애주고 용기와 자신감을 가지고 적을 공격할 수 있도록 솔선수범과 영웅적인 헌신을 보여 주는 것이다. 지도자는 헌신과 도덕적 용기, 정직, 인간의 고귀함에 대한 존중 등을 예시해 보임으로써 신뢰의 분위기를 만들어 나갈 수 있다.

-설리번(Gordon R. Sullivan)-

지휘관은 잔잔한 물과 같이 희로애락喜怒愛樂을 함부로 나타내 보이지 않아야 하며 엄정한 권위를 가지고 어디까지나 정정당당하게 부하들을 다스려야 한다. 그래야 부하들은 지휘관을 깊이 생각하는 인물이라고 신뢰감을 준다.

-손자병법 제11편 구지九地-

어떤 결정을 할 수 없는 사람은 지휘관이 되어서는 안된다. 지휘관은 항상 결정을 내려야 하며 그 결정으로 사람들이 죽을 수 있다는 사실을 상기해야 한다. 더욱이 결정을 해야 하는 지휘관들은 종종 자신의 죽음까지 예상해야 한다.

-패튼(George S. Patton. Jr)-

승리의 요건은 상관이 부하를 자식처럼 사랑하고 부하도 상관을 부모처럼 존경하여 상하가 굳게 결속된 군대 즉, 부자지병父子之兵의 군대가 되는데 있다. 이를 위해 식사, 잠자리, 행군, 전투 등 모든 행동과 고락을 부하들과 같이 하고 심지어는 등창을 앓고 있는 병사의 고름을 빨아 그 병을 낫게 함으로써 지휘관의 부하 사랑이 온 병사들의 몸으로 스며들게 하여야 한다. 그리하면 전투가 벌어지면 목숨을 걸고 용전 분투하게 된다. 완벽한 전투준비 태세와 엄격한 군령과 공정한 상벌, 철저하게 훈련된 부대는 승리의 요건이다.

-오자吳子-

용병에 있어서 가장 큰 폐단은 어려운 경우를 당했을 때 어찌할 바를 몰라 머뭇거리며 결단을 내리지 못하는 것이다. 냉정한 이성으로 판단하여 민첩하게 행동으로 실천해 나가야 한다. 죽음을 각오하면 살고 삶에 애착을 가지면 죽는다.
  −오자吳子−

지휘관이 명심해야 할 5가지

1. 관리理는 대부대를 소부대와 같이 잘 지휘통솔할 수 있도록 편성, 법규, 명령체계 등이 잘 정비되어 있어야 한다.
2. 준비備는 철저한 전투준비 태세를 갖추는 것.
3. 결의果는 적과 싸울 때 이미 살려는 생각을 버리는 것.
4. 경계심戒은 승리하여도 서전序戰때처럼 긴장을 풀지 않는 것.
5. 간소화約는 형식적인 규칙이나 명령을 간소화 하는 것. −오자吳子−

장수(지휘관)는 문무文武를 겸비하고 강·유綱柔를 가지고 부대를 지휘해야 한다. 문이란 문덕文德이다. 정의를 알고 병법을 알고 인사를 알아서 의義로써 부하들을 다스리고 예禮로써 부하를 감동시키며 인仁으로써 부하를 사랑함을 말한다. 무란 무비武備로서 출전의 명령을 받으면 집을 잊고 싸움터에서는 몸을 잊으며 상·하의 규율을 세우고 상벌을 엄정히 하며 용감히 싸우다 죽을 지언정 비굴하게 물러나 살기를 꾀하지 않아서 그 위엄이 삼라 만상을 떨게함을 말한다.
  −오자吳子−

전쟁에서 승리하기 위한 4가지 조건을 4機라고 하는데 장수(지휘관)는 이 4機를 잘 할줄 알아야 한다.

1. 기기氣機 : 지휘관의 지휘 통솔력으로서 지휘관이 용감하고 과단성이 있으면 부대는 강하고 지휘관이 용감하지 못하고 우유부단 하면 부대는 약하게 마련이다.
2. 지기地機 : 지형의 잇점을 잘 활용할 줄 알아야 한다.

3.사기事機 : 적국에 간첩을 침투시켜 상·하 대립과 반목을 일으키고 게
    릴라를 침투시켜 적의 전투력을 분산 및 혼란시키는 것.
4.역기力機 : 유사시를 대비해 평소 완벽한 전투 준비 태세를 유지하는 것.
4機를 실천에 옮기는데는 4德이 필요하다. 지휘관은 위엄威으로 부대를 통
솔하고 덕德과 인간애仁로 부하들의 사기와 마음을 사로잡아 적이 두려워
하게끔 하고 용기勇와 결단력으로 즉각 행동으로 옮기게 해야 한다.

−오자吳子−

지휘관의 임전각오
1.전투에 임하여 지휘관으로 임명을 받았을 경우에는 자기집에 대한 걱
    정은 잊어야 한다.
2.부하들과 함께 전투에 임할 때는 부모, 처자에 대한 걱정을 잊어야 한다.
3.적과 대적할 경우에는 자기 자신을 잊어야 한다.
4.적과 싸울 때는 죽음을 각오하면 살 수 있다.
5.승리를 서두르는 것은 하책이다.   −울료자尉繚子−

장수(지휘관)의 재능을 셋으로 구분하면
1.싸우지 않고 이기는 자를 상위에 두고
2.싸워서 이기는 자를 중위에 두고
3.성벽을 높이 쌓고 참호를 깊이 파서 적의 침공을 막는 자를 하위에 두었다.

−이위공문대李衛公問對−

지휘관은 자기 스스로 상황을 파악하기 위하여 전장에 나가야 한다. 앞
아서 접수한 보고란 낡아 빠진 것이며 지휘관의 결심에 필요한 첩보로는
가치가 없다.   −롬멜(Erwin Rommel)−

지휘관이 책임을 질 용기가 없으면 부하들을 통솔할 수 없다. 비록 하급

지휘관에게 행동의 자유를 부여했더라도 그 결과에 대한 책임은 항상 상급 지휘관이 져야 한다.
-大橋式夫-

국가의 힘이 국민의 의지에 달려 있듯이 군대의 힘은 지휘관과 참모의 의지에 달려 있으므로 그 의지를 차단하면 군대는 마비된다.
-풀러(J. F. C. Fuller)-

예하 지휘관들이 상급 지휘관의 방문을 희망하고 있는가 하는 문제를 상급 지휘관은 항상 생각해야 한다. 내가 방문했을 때 사기를 올려주고 애로 사항을 해결해 준 것이 많았는가 그렇지 않으면 위압감과 지시와 질책이 많았는가 생각해보면 상하의 마음을 알 수 있을 것이다.

지휘관의 정신을 압박하는 요소 중 제1은 중대한 책임이요 제2는 승리를 다투는 적이며 제3은 상하 지휘관의 의사의 자유이며 제4는 국내의 여론과 때로는 정부의 간섭이며 제5는 전장에 임했을 때 불명확하고 착잡한 상황이다. 참모의 기본 임무는 지휘관이 갖는 정신상의 각종 압박을 해방시켜 그 의사의 독립과 자유를 확보하도록 이를 도우며 지휘관으로 하여금 그의 능력을 충분하게 발휘하도록 보좌하여 그 장덕將德을 다하게 하고 나아가 지휘 계통의 권위를 발양시킴에 있다.
-大橋式夫-

지휘관은 평소 부하의 능력과 성격을 식별하여 적재 적소에 배치하고 가령 능력이 뛰어나지 않는 자라 할지라도 반드시 직책을 맡겨서 그의 전 능력을 발휘하게 해야 한다. 상벌은 엄정 공명정대해야 하며 경솔하게 부하의 과오를 힐책하지 말고 적시에 그에게 수훈할 수 있는 기회를 주어서 발랄한 의기를 진작시켜야 한다.
-大橋式夫-

지휘에 임하는 자는 적군의 능력, 특성, 전술과 아군의 능력, 작전 지역의 특성을 연구 고찰하여 최신 최선의 전술을 고안하여 적의 의표를 찌르도록 전력을 경주해야 한다.
-大橋式夫-

좋은 지휘관은 주위에서 일어나는 사건들을 좌지우지한다. 사건이 지휘관을 좌지우지하게 되면 부하들은 자신감을 잃고 그렇게 되면 지휘관으로서의 가치를 잃고 만다.
-몽고메리(B. L. Montgomery)-

오늘날 훌륭한 장군이라면 최소한의 인명 손실로 승리를 거둬야 한다.
-몽고메리(B. L. Montgomery)-

사태가 정확히 계획한 대로 진행되지 않을 때 모든 눈길은 총사령관에게로 향한다. 그 눈길은 사령관이 믿을만한가? 불굴의 기상을 가지고 있는가? 심지어 이제 우리는 어떻게 해야 합니까? 하고 묻는다. 이런 곤경에 처했을 때나 상황이 악화될 가능성이 있을 때 지휘관은 자신의 군대를 지휘하는 것 외에도 자기 자신을 지휘하는 법을 배워야 한다. 나도 경험해 보았지만 그런 일은 언제나 쉽지만은 않다.
-몽고메리(B. L. Montgomery)-

폭풍이 몰아칠 때 선원들은 파도를 보지 않고 선장의 얼굴을 본다.
-김재철-

장교들은 자신의 명령을 수행한 부하들의 보고를 액면 그대로 믿지 않는다. 그것은 부하들을 믿지 못해서가 아니라 의사소통 그 자체가 믿을 수 없는 것이라는 사실을 경험을 통해 배웠기 때문이다. 컴퓨터의 등장과 더불어 의사 결정자가 행동 현장으로부터 한층 더 멀어지게 되었다. 직접 나서서 자기 눈으로 행동 현장을 확인하지 않는 의사 결정자는 점점 현실로부터 멀어지게 되고 그들은 곧 자신들이 쓸모없는 독단 주의자로 전락했음을 알고 한탄하게 된다.   -피터 드러커(Peter F. Drucker)-

지휘관은 세부적인 업무를 초월해야 한다. 만일 지휘관이 너무 세부적인
업무에 구애되어 있으면 큰 일을 그르치게 된다.
                                                -몽고메리(B. L. Montgomery)-

전장에서의 작전 지휘는 직접적이어야 하며 대면지휘를 해야 한다. 상급
지휘관은 종종 하급 지휘관이 있는 곳에 가서 그 곳에서 구두로 명령을 하
달해야 한다.   -몽고메리(B. L. Montgomery)-

바람직한 장군은 사무실에 있는 시간보다 부대와 함께 있는 시간이 더
많아야 한다.   -웨이벌(Archibald Percival Wavell)-

리더는 인기에 연연해서는 안된다. 누구에게도 상처주지 않으려 한다면
혹은 모두에게 인기를 얻으려 한다면 평범한 사람 밖에 될 수 없다. 사람
들에게 싫은 소리를 못하는 리더는 난해한 선택에 직면했을 때 결단력을
발휘하지 못하고 꾸물거리기 십상이다. 영향력보다 인기를 중시하는 리
더는 마땅히 맞서야 할 사람에게도 쉽게 맞서지 못한다.
                                                -콜린 파월(Colin L. Powell)-

부하들의 두려움을 없애는데 성공하려면 자신감을 심어주기 위해 할 수
있는 온갖 계교를 다 사용해야 하며 적진을 향해 돌진하는 지휘관의 모
습도 보여야 한다.   -패튼(George S. Patton, Jr)-

지휘관은 지대한 관심을 가지고 최일선 상황을 직접 파악해야 하며 예하
부대가 직면하고 있는 문제점에 대해서도 명확한 의견을 제시할 수 있어
야 한다.   -롬멜(Erwin Rommel)-

지휘관은 자신의 부하들과 긴밀한 접촉을 가져야 한다. 부하들과 함께 생각하고 같이 느낄 수 있는 능력을 지녀야 병사들은 지휘관을 신뢰하게 된다.

—롬멜(Erwin Rommel)—

적의 책략을 간파하는 일은 지휘관에게 주어진 최대의 임무이다.

—마키아벨리(Machiavelli)—

현명한 지휘관은 부하들을 전투를 피할 수 없는 상태에 몰아넣고 적에 대해서는 도전해 오지 않도록 대책을 세운다. —마키아벨리(Machiavelli)—

대부분의 정보는 거짓이며, 인간의 두려움은 거짓 정보를 만들어 내는 힘이 된다. 누구든지 대개 좋은 것보다 나쁜 것을 믿는 경향이 있으며 나쁜 것은 약간 확대되는 경향이 있다. 이런 식으로 알려진 위험은 바다의 파도처럼 저절로 가라앉기도 하지만 다시 밀려 오기도 한다. 지휘관은 자신의 마음 속에 있는 지식을 굳게 믿고 파도를 부수는 바위처럼 서 있어야 한다. 순간에 좌우되지 말고 자신의 신념을 확고하게 믿어야 한다.

—클라우제비츠(Clausewitz)—

우연이 만들어 내는 마찰은 강철같은 의지로 이겨내야 한다.

—클라우제비츠(Clausewitz)—

군대의 선두에 서서 나아가는 지휘관만이 전투의 결과를 좌우한다.

—구데리안(H. Guderian)—

어떤 지휘관이든 간에 당신의 부하들은 당신이 자신들(부하)에 대해 얼마나 아는 가보다 당신이 자신들에게 얼마나 관심을 쏟는가에 대해 훨씬 더 궁금해 한다.

—존 캐논(John K. Cannon)—

전장에서 지휘관의 가장 중요한 임무는 분리되어 있는 부대를 적시 적절하게 집중시켜 상호 연계하는 데 있다.　　　　　　　－몰트케(Moltke)－

부하들과 친근하기 전에 벌하면 그들은 심복하지 않고 심복하지 않으면 부리기가 어렵다. 친근해졌는데도 벌하지 않으면 위엄이 서지않아 부리기가 어렵다. 부하를 통솔함에 있어서는 온정으로 대함과 동시에 위엄으로 다스려야 한다.　　　　　　　－손자병법 제9편 행군行軍－

지혜가 있는 자는 반드시 이익을 미리 계산해 두어야 자기 하는 일에 확신을 가질 수 있고 손해를 계산해 두어야 근심 되는 일을 배제할 수 있다.
　　　　　　　　　　　　　　　　　　　　　－손자병법 제8편 구변九變－

지휘관이 부하를 대할 때 너무 잘해주어 부리지 못하고 너무 사랑하여 명령하지 못하고 문란하여 다스릴 수 없다면 이는 마치 방자한 자식과 같아서 아무 짝에도 쓸모가 없게 된다.　　　－손자병법 제10편 지형地形－

부하를 다스리는 지휘관의 자세

1. 지휘관은 전쟁에 승리하면 그 공을 부하와 같이 나누고 패하면 그 책임은 지휘관 자신만이 져야 한다.
2. 한번 사용한 전법은 두 번 다시 쓰지 말아야 한다. 항상 적 상황과 지세, 기상과 기후 등을 고려하여 적이 예측할 수 없는 새로운 전법을 써야 한다.　　　　　　　　　　　　　　　　　　　　　　－사마법司馬法－

자애를 먼저하고 위엄을 나중에 해야 한다.　　　－이위공문대李衛公問對－

국가나 군주를 위해서는 작은 의리나 인정에 구애되어서는 안되며 대大를 위해서 소小의 희생은 불가피하다.　　　　　－이위공문대李衛公問對－

전쟁을 하는데 승리할 수 있는 여러 가지 조건들을 비교 검토한 결과 반드시 이길 수 있다고 판단되면 설사 임금이 싸우지 말라고 해도 싸워야 하며 이길 수 없다고 판단되면 임금이 반드시 싸우라고 해도 싸우지 말아야 한다. 장수는 공적을 세우고도 명예를 구하지 않으며 패배했을 때도 책임을 회피하지 않는 법이다. 오로지 백성을 보호하고 군주를 이롭게 함이니 이런 자는 나라의 보배다. ─손자병법 *第10편 지형地形*─

부하 보기를 마치 어린 아이를 보는 것과 같이 하면 부하들은 깊고 험한 골자기 속까지라도 함께 들어 갈 수 있다. 부하 보기를 사랑하는 자식 같이 생각한다면 부하들은 목숨을 바쳐 싸운다. 지휘관과 병사들이 한 몸이 되어 생사를 같이 한다. ─손자병법 *第10편 지형地形*─

군대의 패잔병에는 주병走兵, 이병弛兵, 함병陷兵, 붕병崩兵, 난병亂兵, 배병北兵이 있다. 이 6가지는 천지의 재앙이 아니라 장수나 지휘관의 작전, 용병 등 통솔의 미흡에서 생기는 것이다.

1. 주병走兵은 피·아 공히 지형이나 모든 조건은 비슷한데 병력 수에 있어서 적의 10분의 1정도 밖에 안되는데도 무모하게 공격한다면 싸우기도 전에 달아난다.
2. 이병弛兵은 병사들은 강한데 지휘관이 겁이 많고 비겁하면 군기가 해이해지고 사기가 떨어진다.
3. 함병陷兵은 이병弛兵과 반대로 지휘관은 강한데 병사들이 약하면 지휘관이 아무리 위압적으로 적진을 향해 진격시켜도 병사들은 마치 수렁 속으로 몰아 넣는 것처럼 허우적 거리고 있을 따름이다.
4. 붕병崩兵은 예하 지휘관이나 고급간부가 상급자에 대해 불만을 가지고 적을 맞이하여 제멋대로 행동하는 것을 상급자들이 그것을 모르고 있다면 부대는 붕괴될 수 밖에 없다.
5. 난병亂兵은 장수나 일선 지휘관이 나약할 뿐만 아니라 재능과 위엄도

없고 명령이나 지도 방침에 일정한 기준이 없어 불합리하며 인사나 병력 배치에 있어서도 조령모개로 부하들이 어찌 할 바를 모르고 혼란에 빠지는 것이다.

6. 배병北兵은 장수나 지휘관이 적정을 몰라 적이 강한 전투력으로 공격해 오는데 적의 약점이 무엇인지도 모르고 기만 작전에 걸려 응전하거나 승산도 없는 공격을 하며 사람됨이 무능하고 선량하여 결사대 따위를 파견하지 못한다면 그러한 군대는 말할 것도 없이 패배한다.

－손자병법 제10편 지형地形－

부하를 정情과 솔선 수범으로 다스려라! 지휘 통솔이란 부대의 목표를 효과적으로 달성하기 위하여 휘하 장병들로 하여금 임무 수행에 자발적으로 참여하고 공헌할 수 있도록 유도, 조정하는 기술이다. 이러한 기술은 지휘관(자)의 덕성과 품성, 능력, 체력 등 개인에 따라 상이하겠지만 우선 부하들의 능력과 심리 상태를 읽는 것이 선행되어야 한다. 교육 심리학 측면에서 한 학생이 어떤 과목을 좋아하고 싫어하는 가장 결정적인 요인은 그 과목을 담당하는 선생님을 좋아하는가 좋아하지 않는가에 달려있다고 밝힌 바 있다. 이러한 원리는 군대의 경우 더욱 강하게 적용된다고 본다.

한 병사가 군대를 좋아하고 싫어하는 것은 상관을 좋아하는가 싫어하는가에 크게 좌우된다. 한 마디로 "상관이 좋으면 군대도 좋아하고 상관이 싫으면 군대도 싫어한다"는 사실은 지휘관(자)들이 부하 장병들을 어떻게 통솔하고 행동해야 하는가를 명백히 제시해주고 있다. 전투도 훈련도 다른 무엇도 인간이 주역이 되며 서로 정情으로 맺어진 인간 관계에서 모든 것이 이루어지며 인간으로부터 소외를 당하고서는 아무것도 이룰 수가 없다. 인간의 본성 가운데는 타인으로부터 애정을 받고 싶어하고 자신의 능력을 인정 받으려는 욕구가 있다.

그러므로 지휘관(자)이 하나의 애정을 보일 때 부하들에게는 수 배의 힘으로 나타난다. 부하들에게 던진 따뜻한 한마디의 칭찬과 가볍게 등을 두드려주는 격려와 표창 등으로 자신의 능력을 인정받을 때 커다란 만족을 느끼고 자신을 아껴준 지휘관(자)을 위해 생명을 바쳐 보답하려고 한다. 이것이 남자의 심리이다.

과거 6·25남침전쟁에서 소대장의 "돌격앞으로!!"라는 명령에 죽음을 무릅쓰고 돌격했던 병사들에게는 애국심과 조국애도 작용했지만 그 보다도 소대장이 평소 자기를 아껴주고 정情을 주었기 때문에 목숨도 아끼지 않고 뛰어 들었던 것이다. 이와 같이 지휘관(자)이 진실되고 진정한 사랑과 정을 주어 그 관계가 부자형제父子兄弟처럼 밀접하게 되었을 때 부하들이 지휘관(자)에게 보여주는 존경과 신뢰는 지휘관(자) 자신에게도 커다란 힘이 될 것이다.

이러한 사실을 감안해 볼 때 부하들에게 베풀어야 할 정情이란 가식없고 진실되어야 한다. 가식과 권위의식, 정情을 주는 척 하는 지휘관(자)은 부하들이 존경과 신뢰를 하지 않고 멀어지려고 할 것이다. 그러므로 항상 진실된 마음으로 정情을 흠뻑주어야 한다. 현재 우리 부하들은 가정에서 매 한번 맞아보지 않고 부모 형제의 사랑을 받으면서 살아오다가 단체생활을 하는 군에 들어와 두려움과 고독감을 느끼고 있다. 따라서 지휘관(자)은 친부모 형제의 역할도 해야 한다. 괴로운 일이 있으면 같이 괴로워하고 기쁜 일이 있으면 같이 기뻐해 주는 것은 물론 전역 후 직장, 결혼문제 등 장래문제까지도 같이 설계해 줌으로써 그들로 하여금 부모형제에게서 느꼈던 정을 지휘관에게서도 느끼게 해줘야 한다.

지휘관은(자) 부하들 앞에서 솔선수범해야 한다. 우리 병사들의 학력 수준은 세계에서 최상위이다. 과거 군대처럼 지휘관(자)이 무조건 명령만 하면 된다고 생각해서는 안되며 그들보다 모든 면에서 우월하다는 인식을 가져서도 안된다. 따라서 지휘관(자)은 부하를 과거처럼 권위 의식을 가지고 명령, 지시만으로 이끌어 가는 것보다 부하들로 하여금 능동적으로 따라오게끔 지휘관(자) 자신이 솔선수범해야 한다. 태공은 엄동설한에 외투를 걸치지 않고, 무더위에도 부채를 들지 말며 비가 와도 우산을 쓰지 말고, 진흙탕에는 선두에 서고, 잠자리에 맨 나중에 들고 병이 식사하는 것을 보고 식사하고, 병의 방이 데워진 다음에 지휘관(자) 방을 덥히게 하는 것이 전쟁이 일어났을 때 병을 진군시키는 방법이라고 한 말은 바로 솔선수범을 강조한 말이다. 지휘관(자)들은 진정한 사랑과 정을 부하들에게 베풀고 솔선수범하여 상하가 부자 형제처럼 인화단결된 부대, 군기가 똑바로 선 부대를 만들어 주어진 임무를 능동적으로 완전 무결하게 수행해야 한다.

-윤용남-

유능한 장수(지휘관)는 사태의 변화, 태세의 변화, 정세의 변화가 유리하게 변하고 있는 기회를 놓치지 않는다.

지휘관들은 항상 주도권을 발휘하고 행동의 자유를 유지하도록 노력해야 하며 절대로 적이 행동의 자유를 장악하도록 허용해서는 안된다.

-독일 지상군 기본교리-

국민들이 안심하고 자기 자식을 맡길 수 있는 군대가 되어야 한다. 자기 자식 사람 만들려면 군대에 보내야 한다는 믿음이 생기게끔 군내 인명사고와 비인간적인 모독 행위를 근절하고 마치 친자식과 같이 애정을 가지고 돌봐주어야 한다.

-윤용남-

전쟁원칙

개요

필승의 군대는 적의 약점을 먼저 찾아 선제 공격을 해야 한다. 전쟁에서는 이기는 것이 제일 중요하며 작전 수행에 있어서는 기도비닉이 제일 중요하며 기동에 있어서는 기습이 제일 중요하며 계략은 적에게 누설되지 않는 것이 제일 중요하다. 　　　　　　　　　　　　　－육도六韜－

전쟁의 원칙은

1. 목적을 수단에 적합도록 하라. 소화능력 초과는 과식의 고통을 부른다.
2. 항상 목적을 명심하라.
3. 최소 예상노선을 선택하라.
4. 최소 저항선을 이용하라.
5. 예비 목표를 제공하는 작전선을 취하라.
6. 계획 및 상황에 적응할 수 있는 융통성을 확보하라.
7. 상대방이 방심하지 않고 있는 동안에는 공격하지 말라.
8. 일단 실패 후 그것과 동일선상에서 공격을 재개하지 말라.

－리델 하트(B. H. Liddell Hart)－

전략 계획 수립에 필요한 착안사항

1. 기습의 원칙에 대해서는 각종 정보기관을 계속 활동시키고
2. 목적 유지의 원칙에 대해서는 전술적인 견제 공격과 전략적, 심리적 및 정치적 공세를 취하고

3.병력 절약의 원칙에 대해서는 병참선 및 후방 보급창을 공격하여 적군을 고착 및 분산시키고
4.협조의 원칙에 대해서는 행정 계통에 타격을 가하고
5.집중의 원칙에 대해서는 견제 공격 및 공중 공격에 의하여 적군을 분리시키고
6.경계의 원칙에 대해서는 위에 말한 것과 같은 행동의 전부와 다음 열거하는 행동을 취하고
7.공격 정신의 원칙에 대해서는 공격 정신으로 응수하며
8.기동의 원칙에 대해서는 병참선을 파괴하는 것 등이다.

—야딘(Yigael Yadin)—

사막폭풍작전(제1차 이라크 전쟁, 1991.1.17~2.28)에는 기습과 속도, 힘, 하이테크(Hightech)기술로 적을 현혹시켜 견제하고 잘못된 행동을 취하게 하는 체제까지 포함되었다. 사우디 아라비아 동쪽에 위치한 부대를 사우디 아라비아 서쪽으로 이라크군에 탐지되지 않고 재배치한 것과 양동작전은 기습전의 기만행동의 표본으로 만일 탐지된다 하더라도 이라크군을 서쪽으로 이동시켜 대처한다는 것은 불가능했다. 따라서 다국적군 공격 부대에 대한 이라크군의 전력 발휘는 50% 이하로 떨어졌으며 또한 적의 눈을 조기에 감기는 '하이테크전'은 이라크 군의 지휘체계를 마비시켰다.

—노만 슈와르츠코프(H. Norman Schwarzkopf)—

일본 자위대의 전쟁 원칙

1.목표의 원칙 : 달성 가능한 목표 선정.
2.주도의 원칙 : 주도권 장악.
3.집중의 원칙 : 결정적인 시간과 장소에 우세 달성.
4.경제의 원칙 : 결정적 전투 이외에서의 전투력 최소화.
5.통일의 원칙 : 지휘권의 단일화.

6.기동의 원칙 : 분산과 집중.

7.기습의 원칙 : 적에게 대응할 여유를 박탈.

8.전투력 보존의 원칙 : 부대 안전과 행동의 자유 확보.

9.간명의 원칙　　　　　　　　　*-일본 육상 자위대 야외령-*

전쟁의 목표는 적의 영토를 지배하는 것이며 전쟁 기술의 원리는 공격원칙, 목표원칙, 집중원칙, 기습원칙, 경계원칙, 기동원칙, 추격원칙, 예비대 확보원칙, 사기의 원칙이다.　　　　　　　　　　*-조미니(Jomini)-*

병법의 기본이며 필승의 기술은 기만과 계교를 쓰는 기병술奇兵術과 정공법正攻法을 쓰는 정병술正兵術의 적절한 활용, 분산과 집중의 변화, 허실虛實의 적용, 공격, 방어 등으로 적의 변화에 따라 임기응변하는 것이다.

전쟁원칙은 시대 상황과 과학 문명의 발전에 따른 무기체계의 발달에 따라 장차전의 양상에서 승리하기 위한 전법과 집중, 기동, 기습 등과 같은 불변의 원칙들을 참고하여 발전되어야 하며 이러한 전쟁원칙은 작전을 계획하고 준비 및 실시하는데 반드시 적용되어야 한다.

행동이 빠를 때는 바람과 같이, 느릴 때는 숲과 같이, 침략할 때는 불과 같이, 움직이지 않을 때는 어둠과 같고 산과 같이, 움직일 때는 우뢰와 번개와 같이 해야 한다.　　　　　　　　　*-손자병법 제7편 군쟁軍爭-*

작전의 원칙은 천(天 : 전반적인 정세), 시(時 : 타이밍), 인(人 : 인적요소) 3가지 조건을 갖추어야 승리할 수 있다.　　　　　　*-제갈량諸葛亮-*

전략적인 주도권의 쟁취, 적의 여러 개 약점 중 단 한군데 약점에 집중, 격파된 적에 대한 추격의 중요성, 그리고 기습의 무한한 가치 등을 명심

해야 한다. *-조미니(Jomini)-*

방법은 변해도 원칙은 변하지 않는다. *-조미니(Jomini)-*

정치적, 군사적 교착상태에서는 집중과 절약, 기동의 원칙이 적용되기 어렵다.

칭기스칸의 전쟁 원칙
1. 정치, 군사적인 면에서 전략과 실행의 조화
2. 지속적이고 결정적인 목표의 원칙
   적을 완전히 섬멸하기 전에 전투중단 금지
3. 상시 전쟁 준비 태세의 원칙
4. 체력이 강하면 하나를 정신이 강하면 여럿을 이길 수 있다
   정의에 명분을 둔 전쟁. 사상자의 유가족을 돌봄으로써 필사를 각오하는 정신적 기반 구축
5. 유리한 위치에서 기습타격하고 전투의 주도권을 장악하는 원칙
6. 군사 기만의 원칙
7. 전투력 집중의 원칙
8. 화력과 기동이 통합된 기동전의 원칙
9. 협동 동작의 원칙
   지휘 통일의 원칙하에 상호 협동과 교류
10. 융통성의 원칙
    전쟁과 화친, 전쟁과 전투상황에 따른 융통성 있는 작전
11. 위임의 원칙
    장군들은 부하들을 신뢰하여 권한을 위임하고 상급자의 통제에 매이지 않고 시기 적절하게 상황에 따라 자유롭게 판단하고 실행 할 수 있는 기회를 주었다.

12. 최소 손실의 원칙

목표의 원칙

모든 군사작전은 명확하고 결정적이며 달성가능한 목표에 지향되어야
한다.

작전의 목표는 가용 병력과 자산으로 달성 가능해야 한다.

-독일 지상군 기본교리-

공세의 원칙

적극적인 공세행동으로 전장주도권을 확보하며 아군의 의지대로 전투를
이끌어 가야 한다.

적의 대비가 약하고 적이 생각하지도 않은 곳을 공격해야 한다. 공격을
잘하는 자는 적이 어디를 방어해야 할지 모르게 하고 방어를 잘 하는 자
는 적이 어디를 공격할지 모르게 해야 한다. 따라서 전승의 요체란 너무
나 미묘하여 보이지 않으며 너무나 신비하여 들리지도 않는다.

-손자병법 제6편 허실虛實-

전쟁이 시작되었을 때 마치 처녀와 같이 차분하고 은밀하게 행동하여 적
을 방심시켜 적의 약점이 보이면 그것을 포착하여 달아나는 토끼처럼 신
속하게 적의 가장 중요한 곳(중심)을 공격하며 적이 미처 방어할 틈을 주
지 않아야 한다. *-손자병법 제11편 구지九地-*

전략·전술상 필요에 따라 수세를 취한다 하더라도 적시에 공세를 단행해
야 한다. *-大橋式夫-*

전투는 신속을 제일로 한다. 적의 전투 준비가 되기 전에 예상하지 못한 길을 따라 경계치 아니한 곳을 공격하라.   −손자병법 제11편 구지九地−

주도권의 원칙
전투를 잘 하는 자는 승리를 세勢에서 찾고 사람(병력수)에게는 구하지 않는다.   −손자병법 제5편 병세兵勢−

잘 싸우게 하려면 천길 낭떠러지에서 둥근돌을 굴리듯 전세를 그렇게 만들어야 한다.   −손자병법 제5편 병세兵勢−

멀리 돌아감으로써 적에게 이익을 주듯이 유인하고 직행하는 자보다 먼저 도착하거나 남보다 뒤에 출발하여 먼저 도착한다면 이것은 우직지계 迂直之計를 아는 자이다. 적보다 먼저 우직지계를 사용하는 자는 승리한다. 이것이 기선을 제압하는 군쟁의 원칙이다.
                               −손자병법 제7편 군쟁軍爭−

적의 마음을 교란시켜 약하게 하고 도망가는 척하여 적을 방심시키고 적의 허점을 발견하여 선수를 쳐서 공격함으로써 기선을 잡아라.
                                           −宮本武藏−

적의 가장 취약한 장소와 시기에 그들이 두려워 하는 전투력을 사용하여 강력한 충격을 불의에 가하는 것은 적의 의지와 신념을 파쇄하는 요체이다.
                                           −大橋式夫−

통합지상작전의 중심사고는 육군의 단위 부대들이 분쟁을 유리하게 해결 할 수 있는 조건을 창출하기 위하여 장기간 지속되는 지상작전에서 상대적으로 우세한 위치를 점하고 지속시킬 수 있도록 주도권을 장악,

유지, 활용한다는 것이다. 이 중심사고는 공격작전과 방어작전 그리고 안
정화 작전 또는 민간 정부 방위 지원 등 모든 군사작전에 적용된다.
-미통합지상작전(FM3-0)-

주도권을 확보, 유지 및 이용하기 위하여 치명적이거나 비치명적인 모든
수단을 사용하여 적이 예상하지 못한 시기, 장소, 방법으로 적을 신속하
게 타격하여 적이 대응할 방향을 못잡게 만들어야 한다.
-미통합지상작전(FM3-0)-

전투에서 승리를 쟁취하기 위해서는 냉철한 판단 과정을 통해 스스로 주
도권을 장악하는 것이 습성화되어 있어야 한다.
-무스타파 케말(Mustafa Kemal)-

분진합격의 중요성과 주도권을 장악하려는 준비와 결심이 되어 있으면
적의 의지를 제압할 수 있다. *-몰트케(Moltke)-*

기만과 기습의 원칙

세계전사 상 아무리 우수한 조기경보 수단을 갖춘 국가라도 적의 기습공
격을 막아내지 못했다. 이는 혁신적이고 개혁적인 사고에 대한 군의 체질
적인 거부반응과 중앙집권적, 보수적, 비밀주의적인 군조직 상의 특성으
로 새로운 정보를 혁신적인 것으로 받아들이지 않고 관행에 집착하여 판
단함으로써 기습을 허용하는 중요한 요소로 작용하였다.   *-윤용남-*

전략 전술의 요체는 적을 기만하는 데 있다.
14궤도詭道 : 상대방을 속이는 술책
1.능력이 있으면서도 능력이 없는 것처럼 가장하라.
2.필요하면서도 필요치 않은 것처럼 위장하라.

3. 가까운 곳을 노리면서도 먼 곳을 지향하는 것처럼 하라.
4. 먼 곳을 노리면서도 가까운 곳으로 지향하는 것처럼 하라.
5. 적에게 이익을 주어 유인하라.
6. 적을 혼란시켜 이득을 취하라.
7. 적의 전투준비 태세가 충실하면 서두르지 말고 대비하라.
8. 적이 강하면 가급적 결전을 회피하라.
9. 적을 분노하게 하여 혼란에 빠트려라.
10. 저자세를 취하여 적을 교만하게 만들어라.
11. 적이 편안하게 쉬고자 하면 이를 방해하여 피로하게 만들어라.
12. 적이 서로 친하면 이것을 이간시켜라.
13. 적이 무방비 상태에 있을 때나 허점을 찾아 공격하고 적이 전혀 예상
　　치 않은 시간과 공간을 공격하라.
14. 이것이 병법가의 승리를 거두는 비밀이니 사전에 누설되어서는 안된다.

이상 서술한 14궤도는 5事7計와 결합하여 전쟁에서 승리하기 위한 전략
이요 요체이다. 그렇지만 상황의 변화에 따라 임기응변으로 대처해야 할
경우가 많으므로 미리 정해 놓을 수는 없는 것이다.

－손자병법 제1편 시계始計－

적을 능숙하게 조종할 줄 아는 자는 아군이 불리한 것으로 위장하여 적
이 반드시 그 계략에 말려들게 하고 적에게 무엇인가를 주는 척하여 그
것을 취하려고 덤벼들게 하라. 적을 미끼로 유혹하여 움직이게 만들고 공
격(기습적으로 공격)할 기회를 기다리는 것이다.

－손자병법 제5편 병세兵勢－

군은 계략으로 적을 기만하고 허점을 찾아 주저하지 말고 전격적으로 공
격해야 한다.

－육도六韜－

결정적 순간에 상대적 우위를 차지하기 위해서는 기습없이는 불가능하다. 비밀과 신속이 기습의 2대 요인이다.　　　*-클라우제비츠(Clausewitz)-*

공자는 적을 그릇된 방책으로 인도하기 위해 책략이나 기만책을 써야 한다.
　　　　　　　　　　　　　　　-클라우제비츠(Clausewitz)-

적의 측면이나 배후를 공격하는 기습 효과는 항시 크며 이러한 기습공격은 용감한 대담성과 모험심이 특질이라고 말할 수 있다.
　　　　　　　　　　　　　　　-클라우제비츠(Clausewitz)-

공격은 기습의 잇점을, 방어는 지형의 잇점을 가진다.
　　　　　　　　　　　　　　　-클라우제비츠(Clausewitz)-

기습은 예기치 않은 장소, 시기, 방법 등에 의해 적을 공격하여 전투력의 균형을 와해시켜 혼란에 빠지게 하고 적의 정신 상태의 균형을 파괴시키는 것이다. 기습은 적이 모르도록 하는 것도 중요하지만 알면서도 효율적으로 대처하기에 너무 늦었을 때 알게 하는 것이 더 중요하다.
　　　　　　　　　　　　　　　-1991 사막폭풍작전-

항상 약자는 신속성, 기습, 기만 등을 통해 강자의 결정적인 약점을 이용할 수 있도록 노력해야 한다.　　　　*-조미니(Jomini)-*

기습의 종류에는
-압도적인 병력과 물량 우세에 의한 기습
-뛰어난 작전 계획에 의한 기습
-신무기를 사용하는 기습
-신속한 기동 속도에 의한 기습

-지형의 잇점을 이용한 기습
-기상의 잇점을 이용한 기습

강적과의 대결은 전면의 적에 대해서는 견제하고 기동성있는 부대로 하여금 적의 측방과 후방의 허점을 노려 기습해야 한다.   *-오자吳子-*

정병正兵으로 맞아 싸우고 기병奇兵으로 적의 급소를 찌른다. 선제 공격으로 적을 혼란시키고 허점이 발견되면 신속하게 기습 공격해야 한다.
-오자吳子-

적의 공격 징후를 확증하고 신속하게 타격을 결심하여 통수권자에게 건의하며 통수권자는 이에 대해 즉각 시행을 명령할 수 있는 이러한 일련의 과정에서 어느 한 사람이 신속하게 결심하지 못하고 우왕좌왕 하게 되면 기습을 당한다.   *-윤용남-*

집중과 분산의 원칙

전쟁 이론은 단 한마디, 집중이란 말로 요약할 수 있다. 적의 약점이 보이면 그 곳에 힘을 집중시키는 것이다.   *-리델 하트(B. H. Liddell Hart)-*

격류가 바윗돌을 뜨게 해서 밀쳐 내는 것은 물살의 힘勢이 크기 때문이다. 맹금이 먹이를 일격에 쳐서 포획하는 것은 응집된 힘을 일시에 방출하기 때문이다. 그러므로 전쟁을 잘하는 자는 그 기세가 맹렬하고 그 절도(격파력)가 강력하다. 기세는 활의 시위를 팽팽하게 당기는 것과 같고 절도는 화살을 쏘는 것과 같다. 즉, 모든 전력을 축적하여 결정적인 시기에 집중 투입하여 최대한 전투력을 발휘하도록 하는 것이다.
-손자병법 제5편 병세兵勢-

적은 노출시키고 아군은 보이지 않게 하면 아군은 집중할 수 있고 적은 분산하게 된다. 아군은 하나로 집중하고 적은 열로 분산하면 다수로 소수를 공격하는 상황이 되므로 싸움이 쉬워진다.

-손자병법 제6편 허실虛實-

적의 전력이 강하다 해도 싸울 수 없도록 만들 수 있다. 각종 계략을 써서 적의 전력을 분산시켜 통합된 전투력을 발휘하지 못하도록 해야 한다.

-손자병법 제6편 허실虛實-

전쟁원칙은 약점에 대한 힘의 집중이다. 효과적인 병력의 집중은 적을 효과적으로 분산시켜야 얻어질 수 있고 적을 분산시키기 위해서는 자신의 병력 역시 적절하게 분산시켜야 한다.   *-리델 하트(B. H. Liddell Hart)-*

한 지점에 집중되는 공격은 동시에 다른 지점을 위협할 수 있어야 하고 또 다른 지점에 대해서는 견제할 수 있어야 한다. *-히틀러(Adolf Hitler)-*

전투 초에 자군을 먼저 분산시켜 적의 분산을 유도한 후 신속히 자군을 재집결시켜 공격해야 한다.   *-부루세-*

돌격전과 같은 전투에 있어서는 한 지점에 전 화력을 집중시키는데 능숙해야 한다. 전투 중 선정된 지점에 대해 기습적인 포화를 집중시킬 수 있으면 언제나 승리를 가져올 수 있다.   *-나폴레옹(Napoleon)-*

적함 2척과 아군함 2척이 조우하는 경우 한 척에 집중 공격하라. 그러면 한 척은 격침시킬 수 있고 나머지 한 척은 나포할 수 있다.

-나폴레옹(Napoleon)-

적보다 전력이 우세하지 않다면 적어도 일정한 시간과 장소에 병력을 집중시켜 상대적 우세를 확보해야 한다. 따라서 언제, 어디에 병력을 집중시켜야 하는가가 최고 지휘관에게는 중요한 문제가 된다.

−클라우제비츠(Clausewitz)−

분산하여 전진하다가 공격할 때는 합격해야 한다.　　　　*−오자吳子−*

군사를 분산시키는 경우도 있고 집합시키는 경우도 있다. 그런데 단지 병력을 분산시키거나 집결시키는 자체는 어려운 일이 아니지만 어느 정도의 전투력을 어떻게, 언제, 분산 또는 집결시키느냐가 어려운 일이다.

−이위공문대李衛公問對−

기동의 원칙
군 전체가 기동하지 않으면 그리고 기동할 수 없다면 승리도 없고 패배만이 있을 뿐이다. 참호 안에 숨어 있는 자는 반드시 패배한다.

−몰트케(Moltke)−

용병을 잘하는 자는 솔연(상산常山의 뱀)의 머리를 치면 꼬리가 달려 들고 꼬리를 치면 머리가 달려든다. 허리를 치면 머리와 꼬리가 함께 달려든다. 신속한 기동을 강조한 말이다.　　*−손자병법 제11편 구지九地−*

중무장한 부대는 여유있게 기동하고 경무장한 부대는 신속하게 기동하여 적의 중심을 집중적으로 공격해야 한다.　　　　*−울료자尉繚子−*

신속성에 의하여 적의 행동을 미연에 방지할 수 있다.

−클라우제비츠(Clausewitz)−

군대가 기동성이 적을수록 전투는 더 비참하다. 날이 갈수록 근접전투는 점점 사라져 가고 있는 경향이다. 그것은 화력으로 대치되고 또 정신적이고 심리적 기동으로 대치되고 있다.　　　　　　　－뒤 피크(Ardant du Picg)－

전력의 열세를 기동과 집중으로 극복하여 개개의 전투에서 언제나 우세를 확보하여 승리했다.　　　　　　　　　　　　－나폴레옹(Napoleon)－

장차전은 공격보다 신속한 기동에 더 많이 의존할 것이다. 승리의 기초는 공격이 아니고 기동이다. 전술은 그 기초를 화력에 두고 전략은 그 기초를 기동에 두며 기동은 병참에 의존한다.　　　　　　－풀러(J. F. C. Fuller)－

전쟁의 승패는 기동에 달려 있고 기동은 시간에 달려 있다. 기동이란 집중과 기습 그리고 경계를 의미한다.　　　　　　　－풀러(J. F. C. Fuller)－

훌륭한 군대는 전투를 잘하는 군대가 아니라 기동을 잘하는 군대이다.
　　　　　　　　　　　　　　　　　　　　　　－나폴레옹(Napoleon)－

융통성없는 고정적인 기동 방식을 견지해서는 안된다. 기동의 자유를 확보해야 한다.　　　　　　　　　　　　　　　　　　　　－大橋武夫－

전략적 혼란을 만드는 기동의 방법
1. 적의 배치를 전복시키고 급격한 전선의 변화를 강요함으로써 적군의 배치와 편성을 혼란시키는 기동.
2. 적의 군대를 분산시키는 기동.
3. 적의 보급로를 위협하는 기동.
5. 적군의 (필요시)후퇴로로 사용되거나 또는 적군의 기지와 재편성 하는데 사용될 통로를 위협하는 기동.　　　　－리델 하트(B. H. Liddell Hart)－

신속하게 기동하라는 것이 지휘관으로 하여금 성급하게 행동하라는 것은 결코 아니다.
-일본 육상 자위대 야외령-

기동에 의한 접근의 주 목적은 주도권을 확보, 유지하여 지휘관으로 하여금 그의 의지를 적에게 강요하기 위해서이다. 다른 목적은 적의 의지, 결심, 의도를 붕괴시켜 적의 사기, 단결, 통합을 와해하는데 있다.
-일본 육상 자위대 야외령-

우리는 항상 신속히 기동할 것이며 우리는 결코 개인호를 파고 그 안에 숨는 짓은 하지 않을 것이다. 개인호를 판다는 것은 바로 자신의 무덤을 파는 것과 마찬가지이다. 여러분들이 그 개인호 안에서 적에게 사격을 한다면 적은 여러분의 위치를 쉽게 알게 될 것이다. 조만간 여러분들은 그들의 조준경에 포착될 것이고 이렇게 되는 순간 여러분들은 사살될 것이다. 그러나 여러분들이 계속 기동한다면 여러분들은 결코 적의 조준경 내에 포착되지 않을 것이다.(기계화부대) *-패튼(George S. Patton, Jr)-*

기동은 적의 한 쪽 날개 또는 중앙부와 한 쪽 날개를 동시 제압하려는 목적을 가지고 기동해야 하며 적진지에 대해 측방 포위 및 우회 기동을 감행함으로써 적군을 격퇴시킬 수 있다. 돌격이 개시되는 순간까지 이러한 시도를 숨길 수만 있다면 보다 커다란 작전 성공을 달성할 수 있다.
-조미니(Jomini)-

성을 쌓고 사는 자는 반드시 망할 것이며 끊임없이 이동하는 자만이 살아 남을 수 있다.
-칭기스칸-

고도의 기동성은 고금을 통하여 언제나 승리의 기본적인 전제조건이다.
-슐리펜(Alfred Schlieffen)-

중심의 원칙

승리하기 위해서는 항상 적의 중심을 목표로 전력을 집중하여 돌진해야
한다.   *-클라우제비츠(Clausewitz)-*

전략·전술적 목표에 부합하는 작전의 중심을 찾아 탈취 및 파괴해야 한
다. 그러나 그 작전적 중심의 방어는 견고하다. 그 방어의 취약점을 노출
시키기 위해 제반 행동을 강구해야 한다.

계획에 의한 성공과 우연에 의한 성공은 다르다. 요령보다 정석으로 밀고
나가되 상황이 좋지않을 때에는 상대의 핵심을 찔러라.   *-宮本武藏-*

내전에서의 일반적인 힘의 중심은 수도이다.

                                             -클라우제비츠(Clausewitz)-

적의 군사력을 무력화시킨다는 것은 적 국민이 승리에 대한 자신을 가질
수 없거나 승리의 대가가 너무 크다는 것을 인식할 때 일어나는 심리적
무력화로 대치될 수도 있다. 그러므로 전략가의 당면한 가장 기본적인 문
제는 군사적 공격력을 집중시킬 '중심'을 식별하는 것이다. 이러한 중심
은 환경조건의 상이에 따라 중심의 위치도 상이하게 정해야 한다. 대부분
의 경우 중심은 적의 군대에 두지만 경우에 따라 당파의 대립으로 분열
된 국가는 중심을 적국의 수도에 두며 연합 전쟁에 있어서의 중심은 동
맹국의 최강 군대나 동맹국 간의 이해의 상충점에 놓게 되며 민중이 봉
기하고 있을 때는 여론과 수도가 중요한 중심 즉, 결정적인 군사 목표가
된다.   *-클라우제비츠(Clausewitz)-*

통일의 원칙

모든 군사작전은 지휘의 통일과 노력의 통일을 기해야 한다.

수많은 전쟁사는 지휘 통일이 되지 않고 상하, 인접의 불협화음을 보일때 패배와 직결되었으며 많은 인명손실과 작전의 장기화를 초래했다고 가르치고 있다.
-윤용남-

모든 조직의 최고의 지도자는 한명(중(中)+심(心)=충(忠))이어야 하는데 두명인 (중(中)+중(中)+심(心)=환(患))경우는 불안과 환란을 초래한다.

간명의 원칙
계획과 명령은 간명하게 수립, 작성하여 착오와 혼란을 방지해야 한다.

칭기스칸은 위선적 명분론과 허례허식을 버리고 조직과 목표와 행동을 간명화 함으로써 신속한 기동과 힘의 집중이 가능했다. 적에게 무자비하고 부하들에게 너그러우면서 약육강식, 적자 생존의 자연 법칙인 야성으로 불멸의 승리를 이루었다.
-김종래-

기타
전력의 배치는 철저한 기도비닉과 은폐, 엄폐되어져야 한다.
-손자병법 제6편 허실虛實-

중요한 기밀은 누설되지 않도록 아군조차 모르게 철저한 보안 대책을 강구하고 한 번 사용한 전법은 두 번 다시 쓰지 않아야 한다.
-손자병법 제11편 구지九地-

전투의 추세는 예측 불허이다. 전투의 추이에 따라 질서정연한 대오도 쉽게 혼란에 빠지고 용맹하다가도 삽시간에 겁에 질리며 강력하다가도 어느덧 약화된다. 치란을 좌우하는 것은 통제력에 달려 있고 용겁을 좌우하는 것은 기세에 달려 있으며 강약을 좌우하는 것은 상황에 달려있다.

적이 편안하면 피로하게 만들고 배부르게 먹고 있으면 굶주리게 만들고
안정되어 있으면 동요하게 만들어야 한다.   -손자병법 제6편 허실虛實-

어디서 싸울 것인가를 알지 못하면 수비할 곳이 많아진다. 적이 수비할
곳이 많아지면 아군과 상대하여 전투를 할 적의 능력은 작아진다.
-손자병법 제6편 허실虛實-

우리가 원하는 지역에서 전투를 수행해야지 적이 바라는 지역에서 전투를
수행해서는 안된다. 그렇게 해야만 승리를 항상 우리가 차지할 수 있다.
-패튼(George S. Patton. Jr)-

역사를 통틀어 다만 상황이 달라졌을 뿐 과거에 적용되었던 전쟁의 원칙
들이 똑같은 모습으로 자꾸만 되풀이 되어 나타난다.
-몽고메리(B. L. Montgomery)-

전쟁
양상과
전법

전쟁양상

현대의 새로운 전쟁은 동일 문화권의 고전적인 대칭적 전쟁의 가능성은 줄어들고 있는 반면 문화권 간의 전쟁에서의 비대칭적 전쟁으로 나타나고 있다. 비대칭적 전쟁은 게릴라전과 테러리즘의 혼합형태로 대칭적 전쟁보다 폭력의 강도면에서는 약하지만 더 잔혹하고 끔찍하며 무엇보다도 훨씬 오래 지속되어 사회적, 경제적으로 더 심각한 영향을 미친다. '전쟁이 다른 수단을 이용한 정치의 연속'이라는 클라우제비츠의 공식과 달리 휴전도 평화 협상도 없는 비대칭전인 새로운 전쟁에서는 정치적 목적이 거의 파악되지 않고 있다. 한반도에서는 동일 문화권과 같은 민족인 남북간의 특별한 대치상태로 대칭적 전쟁의 발발 가능성이 높지만 지구적 차원에서 볼때는 대칭적 전쟁의 발발 가능성은 줄어들고 있다.

－뮌클러(Herfried Münkler)－

전통적인 전쟁, 비전통적인 전쟁, 그리고 정규전과 비정규전 간의 경계가 애매해지고 있다. 강대국에 비전통적인 전략으로 대응하는 추세가 점점 늘어나고 있다.

－맥스 부트(Max Boot)－

정보 혁명과 첨단 군사장비의 발전으로 전쟁에 필수불가결한 지상군 병력의 수를 줄이고 있지만 전장환경이 산악과 도시화, 기후 등으로 인하여 첨단 무기체계의 효과가 제한되어 재래식 전투와의 병행이 불가피하고 점령 임무와 안정화와 재건을 위해 지상군 병력의 감축은 재고되어야 할 것이다.   −윤용남−

역사상 전쟁은 강자의 전격전 교리와 약자의 게릴라전 교리의 대결장이 허다했으며 앞으로도 발전된 양자의 교리가 충돌 및 융합될 것이다.
                                                    −권태영, 노훈−

전쟁이 대규모 정규전에서 테러리즘 및 전복활동, 소규모 집단에 의한 파괴, 폭동, 학살, 비밀 또는 공개적 저항 활동과 같은 간접적인 방식으로 전쟁 목적을 달성하려는 경향으로 변화하고 있다.

오늘날 우리는 역사의 종언이 아니라 역사적 전환점에 서 있다. 새로운 형태의 분쟁이 증가하고 확산됨에 따라 공공영역과 사적영역, 정부와 국민, 군과 민의 경계가 1648년 이전의 상황처럼 모호해질 것이다.
                                                    −크레벨드(Creveld)−

제4세대 전쟁은 테러리즘, 게릴라 전쟁, 저강도 전쟁에서 보여주었던 속성과 매우 유사하게 적 내부의 붕괴를 통해 적의 전쟁수행 의지를 파괴하는 것으로, 전쟁의 주된 행위자가 국가보다 비국가 행위자이며, 적의 물리적 파괴보다 적내부의 정치적, 사회적 붕괴를 전투의 목적으로 설정하고 있다. 도시나 주변지역을 주요 전장으로 삼을 가능성이 높으며 전시와 평시의 경계가 모호하고 주요 공격 목표물은 군사부문보다 민간부문에 집중될 확률이 높다. 따라서 기존의 전·후방 개념은 공격 대상물-비공격 대상물로 대체될 뿐만 아니라 민간인과 군인 간의 구별도 모호해질것이다.

미래전의 양상
1.최소의 희생, 최소의 경비, 최단기간 내 전쟁 종결.

2.무인전투방식 및 무인무기체계 사용 보편화.

3.Cyber 공간 및 정보작전, 특수전, 심리전, 공보전의 중요성과 비중 증대.

4.제 전투요소의 동시적, 통합적 운용으로 승수효과 극대화.

5.전략적, 작전적 중심에 대한 집중적 타격, 전장 및 공격, 방어 구분 곤란.

6.드론(Drone)및 인공위성과 정밀 타격 수단으로 효과 중심작전 급증.

7.방호 및 작전 지속성의 중요성 증가.

8.비대칭적 무기 체계로 작전 수행 방식 복잡.

9.정보화 입체 고속 기동전, 분진 시공간적 합격전.

10.작전의 속도 증가.

11.Network 중심전(NCW체제).

12.산악과 도시의 전장환경이 첨단 무기 체계의 효과제한으로 재래식 전쟁 방식과 병행.

13.Cyber전, 정밀화력전, 기동전 동시 수행 전쟁.　　　　　　－윤용남－

장차전의 양상에 맞는 군사작전

1.작전환경에 대한 다양한 첩보수집이 군사작전의 목적에 기여할 수 있도록 통합되고 조정, 통제, 협조되어야 한다.

2.군사작전은 비전투원인 민간인 사상자와 같은 부수적인 피해가 발생하지 않도록 정밀교전이 요구되며 하급제대의 권한과 능력의 향상 등 분권화 작전이 요구된다.

3.인터넷, 소셜 미디어, 휴대용 개인전자장비 운용 등 통신과 언론 매체를 이용한 심리전, 모략전, 언론 매체 조작 등에 대한 대응책이 요구된다.

4.현지 작전환경에 맞는 치밀하고 조직적이고 유관기관과 연계된 안정화 작전이 군사작전과 더불어 사전준비되고 협조되어야 한다.

5.현지 작전환경에 맞는 전술교리와 지원, 리더십 발휘가 신속하게 이루어져야 한다.

6.정규전과 특수전의 효과적인 배합이 중요하다.

7. 연합과 다국적 작전은 국익과 언어, 문화의 차이, 상호운용성, 교리 등의 차이로 협조된 작전이 대단히 어렵다. 따라서 각국의 국익과 강점을 활용하는 방향으로 작전을 해야 할 것이다.

−미군의 2003년부터 10년간의 전쟁 교훈−

미국의 국방전략 변화와 한반도 지상전

미국은 지난 10여 년간의 전쟁으로 많은 장정이 희생되고 과도한 전쟁 비용을 지출한 상황에서 미국 국민들은 전쟁에 대해 염증을 느끼고 있다. 전쟁이 불가피한 경우라면 최소의 희생과 비용으로 최단 기간 내에 전쟁이 종결되기를 바라고 있다. 미국의 전투 방식도 달라졌다. 최첨단 군사 과학 기술의 발전과 더불어 정찰과 폭격을 동시에 수행할 수 있는 무인기와 첨단 지하 폭발 폭탄 등으로 적의 전쟁 지휘부를 제거하는 방식을 쓰고 있다.

지상전에 기반을 둔 기존의 전투 방식에서 탈피하여 해군과 공군을 보강해 통합 전쟁 수행에 주안점을 둔 개념으로 발전하고 있다. 그러나 70%가 산악지대인 아프카니스탄 전쟁에서는 깊은 계곡, 암석, 동굴 등으로 첨단 전력의 효과가 제한될 수 밖에 없었다. 따라서 소규모 미특수작전 부대의 지도하에 아프카니스탄 북부 동맹군과 반 탈레반 세력을 이용하여 지상작전을 수행함으로써 미 지상군의 희생을 최소화하고 불필요한 마찰을 줄였다. 한반도의 전장환경도 아프카니스탄과 비슷하다. 70%이상의 기복이 심한 산악 지형과 대륙성 기후, 도시화 추세로 첨단 무기 체계의 효과가 제한되어 재래식 전쟁과의 병행이 불가피한 상황이다. 따라서 한반도에서의 지상전은 한국군이 주로 담당하면서 지원되는 미군의 해군과 공군 전력을 잘 통합 할 수 있는 작전방식이 될 것으로 예상된다.

우리의 지상군은 하루 빨리 첨단 전력과 재래식 전투력을 함께 운용하는 새로운 전투방식을 연구하여 작전 계획을 수립해야 한다. 아울러 지상군의 병력 감축은 재고되어야 하며 적정 규모의 국방비와 각군 참모 총장

에게 작전 지휘권(군령권)이 주어져야 할 것이다. －윤용남－

한반도의 지정학적 위치와 지형 및 기후의 특징으로 고려시대 몽고군의 침입에서부터 6·25 남침전쟁에 이르기까지 침략국의 전쟁 목적이나 전략, 전술 기동로 등은 거의 대동소이 했다. 따라서 미래전의 군사 작전도 크게 변하지 않을 것으로 본다. 단지 전쟁 방식이 달라질 뿐이다.

－윤용남－

서구 민주주의 국가들의 국민들은 생활에 필수적인 것을 공급하는 시설과 자국 군인들의 피해가 발생하면 국민들은 군사적 개입정책을 거부한다. 이런 현상을 고려하여 비대칭 전쟁에 폭격이나, 소규모 특수부대, 무인전투력, 민간 용병들을 투입하는 경향으로 흐르고 있다.

－뮌클러(Herfried Münkler)－

전법개념

일찍이 나폴레옹은 10년에 한 번씩 싸우는 방법을 바꾸지 않으면 승리할 수 없다고 했다. 이는 미래의 전투양상이 현재와 같을 수가 없으며 적은 과거와 같은 수법의 군사작전을 구사하지 않을 것이며 무기체계의 발전과 전장환경의 변화로 과거의 전법으로는 승리할 수 없다는 말과 같다. 군대의 조직은 적의 능력, 기도, 전략, 전술을 알아내는 조직과 이러한 적과 싸워야 할 조직이 군대의 기본 조직이다. 군이나 국가에서 적을 알기 위해 여러 첩보 수집 부서가 많은 노력을 하고 있는데 직접 싸우는데 필요한 적의 군사전략, 전술의 변화를 지속적으로 알아내는 것이 대단히 중요하다. 따라서 적의 첩보를 수집, 종합, 판단을 총괄하여 적의 전략, 전술의 변화를 지속적으로 그려낼 수 있는 조직이 반드시 있어야 하고 적의 전략, 전술의 변화에 따라 싸워야 할 부대가 제대별로 어떻게 싸울 것인가를 지속적으로 연구하는 조직이 반드시 있어야 한다. 이러한 조직에 의해 결정된 전법(How to Fight)을 기초로 군 구조, 전력증강, 교육훈련 소요가 결정되어야 하고 국방비 책정의 근거를 제공해 주기도 한다.

-윤용남-

사람들은 모두 승리할 때 군의 전투준비 태세는 알고 있으나 승리할 수 있도록 만든 태세 즉 전략, 전술에 대해서는 알지 못한다. 그러므로 그 싸움에 이긴 방법은 다시 쓰지 아니하고 적의 상황에 따라 무궁무진한 전략, 전술로서 대응해야 한다.　　　　-손자병법 第6편 허실虛實-

군의 운용은 일정한 형태가 없는 물과 같아야 한다. 물은 높은 곳은 피하고 낮은 곳으로 흐른다. 군대도 허·실·강·약虛·實·强·弱에 따라 전략, 전술을 변화시켜 승리를 거두어야 한다.　　　-손자병법 第6편 허실虛實-

용병에 있어서 적의 전방을 향하여 대적하는 군사를 정병正兵이라고 하며 위계僞計로 부대를 움직이는 것을 기병奇兵이라고 한다. 이러한 정병과 기병 양쪽을 능란하게 사용할 줄 아는 장수라야 양장良將이라고 할 수 있다. 정병과 기병의 전술은 우선 적에게 어떤 전투 태세를 보여주고 적으로 하여금 이에 대처하게 한 후에 아군은 그 태세(적에게 보여준 태세)를 변경하는 전술이다. 기병을 정병과 같이 동작하게 하고 정병을 기병과 같이 동작하게 한다. 이와 같이 언제나 변화하여 기병이 정병이 되고 정병이 기병이 되어야 한다. 이것을 가르켜 기와 정이 서로 변화하는 것이라 한다. 복병伏兵도 몸을 숨기는 것만을 가리키는 것이 아니라 적이 아군의 기병인지 혹은 정병인지 헤아리지 못하게 하는 것도 복병이다. 이것을 무형의 군대라고 한다.　　　　　　　-이위공문대李衛公問對-

새로운 전술을 채택하는 것은 종래의 전법을 추방하기보다 어렵다.

-리델 하트(B. H. Liddell Hart)-

지휘관은 특정한 시기에 나타난 사실과 장차에 일어날지도 모를 여러 가지 가능성에 적응할 수 있는 전법을 끊임없이 발전시켜야 한다.

-롬멜(Erwin Rommel)-

전쟁 양상 그 자체도 기술의 진보에 따라 끊임없이 변화되어감으로 오늘날의 기존 개념을 탈피해 나갈 수 있는 새로운 전법을 창안해 내야 한다.

-롬멜(Erwin Rommel)-

우리에게 꼭 필요한 사람은 기계화와 같은 전혀 새로운 전쟁 방법에 직면했을 때 번개처럼 빨리 그의 개념을 바꿀 수 있는 그러한 사람이다.

-투하체프스키(Tukhachevsky)-

결판이 나질 않을 경우 과감하게 다른 방법을 강구하고 같은 전략을 세 번 되풀이 하지 말라. 변하지 않으면 죽는다.   -宮本武藏-

동양의 대표적인 병학 사상가인 손자孫子는 클라우제비츠가 언급한 섬멸전 사상을 최하의 것으로 보고 있음에 반해 모략전을 최상의 것으로 하고 있다.

-조명제-

미군의 FM(Field Manual)은 힘에 의한 혈전과 물량전이다. 미국은 국내의 풍부한 자원과 경제력을 바탕으로 하고 있기 때문에 힘을 바탕으로 한 물량전 개념은 합리적인 사고방식이다.   -조명제-

한국군의 군사 교리는 미군의 군사 교리를 그대로 답습하여 왔다. 한국군의 실정으로는 미국식의 물량전에 의한 정공법은 비현실적이다. 한국군의 경우 자신의 국력과 전장 환경을 고려함이 없이 미국식 군사교리 개념을 무조건 받아 들여서는 안된다.   -조명제-

정공법이 클라우제비츠 사상과 일맥 상통한다면 기공법(奇功法 : 기습, 기만)은 손자孫子와 일맥 상통한다. 손자는 그의 병서 모공謀攻편에서 백번 싸워 백번 승리하는 것이 최선의 방법이 아니고 싸우지 않고 적을 굴복시키는 것이 최선의 방법이라고 역설하고 있다.   -조명제-

한국의 FM에 나와 있는 정공법은 적도 다 알고 있다. 이런 방책을 계속 사용하면 적의 함정에 빠져 패하기 쉽다. 따라서 손자孫子가 말한 정공법 正攻法으로 대치하고 기공법奇攻法으로 승리해야 한다.   -조명제-

전쟁은 다른 수단에 의한 정치의 계속이라는 정의에 덧붙여 기술 혁신에 의한 전쟁 기술의 혁명은 정치 자체를 변화시킨다.   -小山內宏-

교리(싸우는 방법)의 부재는 어떠한 군에 있어서나 심각한 위협이 된다.   -녹스(Dudley W. Knox)-

전쟁에서 승리하려면 현대 무기를 제조하거나 사는 것만으로는 충분하지 않다. 일반적으로 승리는 현대적인 전술과 조직체계를 필요로 한다.   -맥스 부트(Max Boot)-

지휘관은 예리한 직관과 혜안으로 정공正攻의 전술과 변칙적인 전술의 장점을 취사 선택해야 한다.   -大橋武夫-

손자는 중국의 전통에 따라 무기 요소보다 인간 요소를 더 중시하고 잔혹한 무력보다는 지혜를 통해 얻는 승리를 선호 하면서 전쟁의 윤리 및 도덕적 차원을 강조했다.   -강성학-

손자와 클라우제비츠는 전쟁에서 동맹관계의 중요성을 크게 강조하였으며 기존의 동맹을 유지하며 새로운 동맹을 획득하고 적의 동맹을 분열시키거나 마비시켜 외부 지원이 어렵도록 해야 한다고 강조하고 있다.

-강성학-

초전의 전쟁에서 기동전이 실패하면 장기전에 들어가기 쉬우며 제1차세계대전의 베르당 전투의 진지전 유령이 나타나 피를 말리는 인명 살상을 초래하게 될것이다.

전법

장차전은 최소의 희생, 최소의 비용으로 단기 결전을 추구해야 한다. 그러기 위해서는 고도의 실시간 정보와 정밀 타격 체제를 결합하여 적의 정치적, 전략적, 전술적 중심을 단시간 내에 파괴하여 대치하고 있는 최전선 전투원의 희생을 최소화시키고 지상은 물론 공중 기동에 의한 신속한 점령이 요구되는 입체 기동전과 도로견부 위주 종심방어와 더불어 공격해 오는 적의 측방 및 후방 강타, 국지도발 대비와 응징 보복전, 비정규전, 테러, 사이버전, 비대칭전을 발전시켜야 한다.

-윤용남-

산업시대의 전쟁은 외곽부터 안쪽으로 접근해가는 축차적인 접근 방법이었으나 지식정보화 시대의 전쟁은 가장 안쪽에서 바깥쪽으로 또는 전 동심원을 동시에 접근해가는 병행적 접근 방법이다.

-조병갑-

한반도의 전장 환경에서 효과적인 작전을 수행하기 위해서는 네트워크를 통하여 전력을 통합운영해야 하며 무인전력, 첨단 정밀유도무기, 재래식 전력이 지역별로 상호 잘 통합되어야 한다.

-조병갑-

용병을 잘하는 자는 적으로 하여금 전·후 연락을 할 수 없도록 하고 대부대와 소부대, 상·하 인접부대와의 상호 지원을 못하게 해야 한다. 신분이 높은 자와 천한 자, 상관과 부하가 서로 돕지 못하게 해야 한다. 전투력을 분산시켜 집중을 못하도록 하고 집중을 하더라도 게릴라 전이나 포위시도 등을 통해 지휘체계를 교란시키고 혼란시켜 유기적인 활동을 못하도록 해야 한다. 정세가 유리하면 공격하고 불리하면 적을 교란하기 위한 게릴라전을 감행하거나 그것도 안되면 중지해야 한다.

—손자병법 제11편 구지九地—

권모權謀와 속임수를 뒤로 하고 인의仁義를 앞세우는 정의의 전쟁에서 서전緖戰에 일시 후퇴하면서 적을 유인하여 측면을 공격하고 퇴로를 차단하여 승리하는 것이 치국평천하의 대도이다. —이위공문대李衛公問對—

미국 남북전쟁때 북군의 전략은 철도 교차점 탈취와 병참선차단, 지형의 잇점을 이용한 적의 군사력의 양분, 우회 기동으로 적 후방을 교란하고 점령하여 적에게 심리적 영향을 주어 사기를 저하시키는 것이었다. 또한 순수한 간접 및 직접 접근의 구사와 목표의 기만이었다.

—리델 하트(B. H. Liddell Hart)—

강력한 적의 정면에 대해서는 견제하고 측후방으로 기동함으로써 적을 분산시키고 적의 물리적, 심리적 균형을 파괴시켜야 한다.

—리델 하트(B. H. Liddell Hart)—

정지하고 있을 때는 물고기가 물 밑에 잠겨 있는 것처럼 하고 움직일 때는 수달처럼 튀어올라 뭉쳐있는 적을 분산시키고, 교전할 때는 맹호처럼 행동하고 전진할 때는 질풍처럼 행동하여 패주하는 적을 궤멸시키고 후퇴할 때는 산이 이동하는 것처럼 질서정연하게 행동하여 적에게 틈을 보여서는 안된다.

전법이라는 것은 최대의 병력을 결정적인 지점에 정확한 작전선을 선정하여 투입해야 함을 말한다. 작전선은 우수한 작전 계획의 근본이며 모든 군사 이론의 중심이요 핵심이다.　　　　　　　　　　　　-조미니(Jomini)-

화력의 격증때문에 정면 공격은 막대한 희생을 초래하며 비효율적이다. 적의 양날개를 공격하는 포위 작전이 전략상 훌륭한 작전이며 측방 공격의 참된 목표는 적의 후방 깊숙이 돌진하는 것이다.

　　　　　　　　　　　　　　　-슐리펜(Alfred Schlieffen)-

유기劉基 (명明나라 전략가 1310~1375)의 백전기략百戰奇略 중에서

1.계전計戰 : 전쟁에 앞서서 반드시 적 지휘관의 능력의 우열과 전투력의 강약, 병력의 많고 적음, 지형조건, 식량 보유 등을 파악하여 적군과 아군의 상황을 정확하게 비교 분석하여 판단한 후에 싸운다면 승리하지 않을 수 없다.

3.간전間戰 : 정보수집 능력과 정보 생산력이 승리의 관건이다.

22.교전交戰 : 적국의 이웃나라와 우호관계를 맺으라.

23.형전形戰 : 적은 분산시키고 아군은 집중하라.

24.세전勢戰 : 기세를 이용하는 것이 중요하다.

25.주전晝戰 : 위장하고 기만하라.

37.공전攻戰 : 공세작전만이 승리할 수 있다.

38.수전守戰 : 상황이 불리할 때는 일시 방어하고 유리하면 즉각 공세이전하면 승리할 수 있다.

39.선전先戰 : 적의 전투 태세가 완비되기 전에 공격하라.

41.기전奇戰 : 적의 약한 곳을 기습하라.

46.중전重戰 : 적과 싸울 때 항상 신중해야 한다. 유리한 상황이면 움직이고 불리한 상황일 때는 멈추고 경거망동하지 않으면 결코 위험한 사지死地에는 빠지지 않는다.

52. 생전生戰 : 지휘관이 전투 중에 공포에 질려 살아남기를 획책한다면 오히려 죽음을 당하게 된다.

53. 기전飢戰 : 보급이 결핍되면 승리할 수 없다.

56. 일전佚戰 : 승리 후 방심은 금물이며 엄중히 경계하고 안일을 멀리 해야 한다.

59. 진전進戰 : 승리할 수 있는 계기를 포착하면 신속히 공격하라.

64. 근전近戰 : 양동 작전을 취하라.

65. 수전水戰 : 하천선 전투에서 적의 절반이 강을 건넜을 때 공격하면 승리할 수 있다.

66. 화전火戰 : 방화해서 적을 혼란시키고 그 기회에 정예 부대로 공격하면 적군을 격파할 수 있다.

68. 속전速戰 : 때로는 공격준비가 미진하더라도 속전속결하는 것이 성공한다.

71. 분전分戰 : 대병력일 때는 병력을 나누어 한편은 정면 공격 및 견제 하면서 한편으로는 측·후방을 쳐라.

72. 합전合戰 : 적의 병력이 강할 때는 병력을 집중하라.

73. 노전怒戰 : 적과 싸울 때 장병을 격려하여 분노의 감정이 들끓게 한 다음 전투에 임해야 한다.

74. 기전氣戰 : 사기가 왕성하면 싸우고 저하되면 싸움을 피하라.

75. 축전逐戰 : 적의 퇴각의 진위를 살핀 후 추격하라.

78. 필전必戰 : 적의 취약점을 탐지하고 그 곳을 공격하라.

81. 성전聲戰 : 동성 서격으로 적으로 하여금 어느 곳을 지켜야 할지 모르게 한다면 아군이 공격할 장소를 적이 지키지 못하게 할 수 있다.

82. 화전和戰 : 적과 화평을 하더라도 화평 조건 속에 모순이 있다면 적이 방심하고 있는 틈을 타서 정예 부대로 선제 공격하면 적을 격파할 수 있다.

84.항전降戰 : 적이 항복할 때는 경계를 태만히 하지 말라.

85.천전天戰 : 전쟁의 대의 명분을 가지고 공격하라.

87.난전難戰 : 지휘관은 부하와 고락을 같이 하라.

88.익전易戰 : 먼저 공격하기 쉬운 곳부터 공격하라.

89.이전離戰 : 상하 불신을 조장하고 증폭시켜 그 기세를 이용하여 공격
         하면 반드시 목적을 달성할 수 있다.

90.이전餌戰 : 적이 유인하는 먹이에 걸리지 말라.

96.외전畏戰 : 병사들의 불안을 없애고 용기를 갖게 하라.

98.변전變戰 : 임기응변으로 대처하라.

100.망전忘戰 : 천하가 안정되었다 해서 전쟁을 잊으면 반드시 위험에 봉
          착한다.   −강창구 편저−

적의 균형을 파괴하고 적의 진지가 유지될 수 없도록 하기 위하여 적의
영토 종심 깊이 속도와 대대적인 기세로 공격해야 한다.

                                    −라빈(Yitzhak Rabin)−

사막폭풍작전의 수행개념은 공지 전투 교리에 의거 속도와 충격력, 대우
회 포위 및 종심 돌파 작전, 조공에 의한 견제 및 정면 돌파와 상륙 작전
에 의한 양공작전이었다. 이러한 개념은 클라우제비츠의 전쟁론에서 목
적과 목표의 원칙을, 몰트케(Moltke)와 슐리펜(Schlieffen)으로부터 대우
회 및 포위작전과 조공집단의 운용 등을 원용했으며, 사막 폭풍작전의 지
상 작전계획도 슐리펜 작전 계획을 역으로 이용한 것이다. 사막 전에 관
해서는 롬멜 장군의 북아프리카 전투와 몽고메리 장군의 '엘 알라메인'
(ElAlamein : 이집트 북부에 위치한 도시) 전투, 제 3,4차 중동전의 교훈
과 제2차세계대전때 독일의 폴란드 침공과 '바바롯사' (Barbarossa : 독일
의 소련 침공작전) 전격전을 원용했다.

                         −노만 슈와르츠코프(H. Norman Schwarzkopf)−

이라크전쟁에서 충격과 공포의 군사전략이 성공할 수 있었던 것은 미·영 연합군의 뛰어난 지식, 정보력에 기반한 첨단 정밀 유도 무기 효과와 신속 결정적 작전, 그리고 특수 비밀부대의 비밀스런 작전이 결합된 새로운 전쟁 패러다임의 결과라고 분석 평가할 수 있다.　　　　　　　-조병갑-

6·25 남침전쟁 시 중공군의 인해 전술로 아군이 고전하였다고 하는데 실제로는 그렇지 않다. 손자병법의 진수를 이어 받은 중공군은 나름대로 뛰어난 정보력, 분석력, 지형분석능력, 심리전, 엄정한 군기하에 야간전투와 산악 행군의 기동능력으로 퇴로를 차단하고 포위하여 섬멸하는 작전을 일관되게 유지했다.　　　　　　　-윤용남-

적에게로 진공進攻할 때에는 반드시 우세한 병력을 집중시키고 적의 약점을 골라 일점으로 돌격하여 들어가서 적의 내부에서 꽃을 피우는 것이요, 동시에 일부의 병력으로 다른 방향으로 공격을 가하여 양면, 3면, 4면으로 포위를 형성함으로써 주공의 공격을 촉진시켜 적을 격멸하는 것을 양면이라 한다.　　　　　　　-임표林彪-

우리의 전략은 매우 간단하다. 먼저 적의 병참선을 차단하고 난 뒤 적군을 격파하는 것이다.　　　　　-콜린 파월(Colin L. Powell)-

우리는 적의 종심 깊이 침투하여 적이 우리를 압도하지 못하도록 후속부대의 도착을 지연시키고 교란작전을 펴야 한다. 여기에 제3물결의 전쟁인 지식전쟁형 작전이 전개될 것이다.　　-앨빈 토플러(Alvin Toffler)-

군대가 장소 지향에서 시간 지향으로 전환해야 한다.
　　　　　　　-앨빈 토플러(Alvin Toffler)-

전쟁에서 승리하기 위해서는 단결된 전투 의지와 우수한 무기 체계의 보유 및 이를 효율적으로 다룰 수 있는 기술적 능력과 특이한 전술 전략의 구사가 필요다. 단결된 전투 의지는 정신적 요소로서 국가나 군에 주어진 특수한 여건에 많이 좌우되나 왜 싸워야 하는가에 대한 정신 교육과 공포심 제거와 자신감을 고양시켜야 한다. 적보다 우수한 무기, 장비의 보유는 물론 우리의 여건에 맞도록 운용할 수 있는 능력을 가져야 한다. 국력과 적의 능력, 지형과 기후, 적의 전략 전술, 무기체계의 발전 등을 고려한 우리 고유의 군사 사상과 전법이 있어야 한다.

이러한 전법은 명확한 전쟁 목적과 일원화된 지휘체계 하에서 전·후방 입체적 선제기습 공격으로 주도권을 확보하고 지속적인 공세 행동으로 조기에 전쟁을 종결 지을 수 있어야 한다.(단기전 하에서의 선제 기습 공격은 현대전의 가공할 파괴력으로 자칫 회복 불능의 사태를 초래할 수 있다.) 또한 기습과 기동, 집중과 절약의 원칙이 조화를 이루고 예하 부대 지휘관의 융통성있는 작전 지휘가 보장되어야 하며 입체 기동 부대의 생존성과 야간 작전의 주간화 능력을 갖추어야 한다. 아울러 도로 견부 위주 종심 방어로 적의 종심 깊은 돌파를 차단함과 동시에 측방 및 후방을 강타하여 조기에 공세 이전해야 한다.   -윤용남-

기습, 속도, 주 노력 방향의 신속한 설정과 변경은 다음 사항을 통하여 달성할 수 있다.

1. 적의 약점을 목표로 한다.
2. 방어 및 공세 행동을 교대로 실시한다.
3. 상이한 작전 형태를 동시적으로 수행하고 교대로 실시한다.
4. 직접 및 간접 접근을 추구한다.
5. 다른 유형의 부대를 운용한다.
6. 작전 한계점을 적용한다.
7. 2차 공격을 착수한다.

8.적 부대를 분할하거나 고립시킨다.　　　*-독일 지상군 기본교리-*

우리는 보다 용이한 방법이 있다면 결코 적 앞으로 나가지 않고 신속히 적 후방으로 기동할 것이다. 물론 적 후방은 위험하겠지만 그것이야말로 전쟁에서 승리하는 길이다. 통상 적 후방에는 중화포를 보유하고 있지 않으므로 대규모 사격을 가하지 못할 것이다. 또한 적 후방에 침투한다 하더라도 적은 그들 국민들에게 사격을 가할 수 없기 때문에 우리에게 포격을 가할 수 없을 것이다.　　　*-패튼(George S. Patton, Jr)-*

손자병법 36계計 중에서

진화타겁珍貨打劫 : 상대의 허점을 발견하면 지체없이 공격, 상대방을 무력하게 만든다.

성동격서聲東擊西 : 동쪽에서 소리를 내며 서쪽을 공격한다.

무중생유無中生有 : 허허실실의 계략으로 허와 실을 교묘히 구사하여 적을 혼란에 빠뜨려 쳐부순다.

암도진창暗渡陳倉 : 작은 것을 희생하여 결정적인 승리를 이끌어 낸다.

순수견양順手牽羊 : 한가지 일에만 치중하지 말고 넓게 보고 이용할 수 있는 이익을 모두 취하되 사소한 이익에 눈이 어두워 본래의 목적에 소홀해서는 안된다.

타초경사打草驚蛇 : 적의 동정을 타진해 본다.

조호이산調虎離山 : 강한 적을 전투에 유리한 지역으로 유인하여 적을 공격하는 작전.

욕금고종欲擒故縱 : 적의 퇴로를 차단하면 맹렬한 반격을 받을 수 있으므로 잠시 퇴로를 열어주어 기세를 꺾은 후 잡도록 하라.

포전인옥抛專引玉 : 하찮은 미끼로 적을 유인하여 아군 작전에 휘말리게 함으로써 더 큰 승리를 얻는다.

금적금왕擒賊擒王 : 적의 지휘관을 사로잡거나 적의 중심을 붕괴시켜 적을 혼란에 빠뜨리게 하여 궤멸시키는 작전.

금선탈각金蟬脫殼 : 위급한 순간에는 상대방을 속여 그곳을 벗어 나라.

관문착적貫門捉賊 : 적을 도망가지 못하도록 해놓고 일망타진한다.

지상매괴指桑買槐 : 상대에게 위협을 주어 복종하게 만든다.

상옥추제上屋抽梯 : 아군을 배수진과 같이 벼랑 끝으로 몰아 넣어 긴장감을 고조시켜 승리를 얻는다.

수상개화樹上開花 : 적을 속이는 계략.

반객위주反客爲主 : 전쟁의 주도권을 쟁취하는 전략.

공성계空城計 : 불리한 상황에서 상대를 속이는 일종의 심리전술.

반간계反間計 : 상대방 간첩을 역이용하는 계략.

연환계連環計 : 두 가지 이상의 책략을 혼합하여 적을 격멸하는 것

주위상책主爲上策 : 싸워서 이길 수 없다면 도망가거나 피하는 것이 상책이다.

-범대진 편저-

기관총의 출현으로 돌격전보다 진지전 위주의 전투가 되었으며 교착된 전선을 타개하기 위해 전차가 출현하게 되었다. 전장 감시 수단의 발전으로 무인정찰, 무인폭격이 가능하여 노출된 기동이 대단히 어려우며 정밀유도 무기의 등장으로 공자보다 방호된 방자가 유리할 것 같다. 기동은 공중 기동에 의한 수격포위 등의 가능성이 더 높아질 것 같다. -윤용남-

구 소련군의 용병술은 역사적으로 마르크스, 레닌, 손자, 클라우제비츠, 조미니의 영향을 받아 선제 공격 제일주의, 적지전장 확대 개념에 의한 다정면 동시적지종심 기동전, 종심소모전(초토화작전), 다중종심 방어지대 형성과 빨치산 사상에 의한 비정규전 배합으로 발전되어 왔다. 장차도 무기체계의 발전에 따른 용병술 역시 과거의 전법을 크게 벗어나지는 않을 것이나 현 러시아는 공세적방어전략과 선제핵공격을 군사 독트린으로 삼고 있다.

-윤용남-

중국도 구 소련의 용병사상과 손자병법을 비롯한 동양병법사상, 클라우제비츠의 전쟁론 등을 망라한 모택동사상에 입각하여 전쟁의 본질을 정치에 두고 전쟁의 목적을 적을 소멸하는데 두어 왔다. 군민일원화, 대섬멸주의, 전쟁원칙과 전쟁방법의 다변성에 두고 기동전, 선포위후돌파, 비정규전과의 배합전, 공세적 방어, 기도비닉, 야간 작전에 중점을 두고 발전해 왔다.

-윤용남-

북한은 구 소련과 중국의 병법사상, 모택동의 유격전, 6·25남침 경험, 3, 4차 중동전, 전격전과 지형적인 여건을 고려하여 단기 속결전, 전후·방 동시 전장화, 기습, 대담한 돌진, 속도, 집중, 배합, 산악과 야간전, 사이버전 및 심리전을 감행할 것이다.

-윤용남-

후방이 위협을 받으면 패배의 가능성이 더욱 높아짐과 동시에 그 패배는 더욱 치명적인 패배가 된다. 아군의 후방을 안전하게 지키고 적의 후방을 얻으려는 것은 모든 작전의 자연스러운 본능이다.

-클라우제비츠(Clausewitz)-

참호전
그들의 군대가 참호 속에 모두 숨을 수 있다고 생각하는 나라는 재난을 맞이할 수 밖에 없다.

-포슈(Ferdinand Foch)-

기동전
측방이 노출되는 것을 두려워 하지 않고 오히려 적을 혼란에 빠뜨리는 것이 최상의 측방 방호라고 생각한다.

-구데리안(H. Guderian)-

가장 효과적인 무기는 바로 심리적 충격력이다.

-구데리안(H. Guderian)-

전역은 살육과 기동으로 이길 수 있다. 위대한 장군일수록 살육보다 기동에 치중한다. 전략의 걸작이라고 할만하거나 국가와 지휘관의 명성을 높인 전역은 대부분 기동전의 승리였다.   *-어얼(E. M. Earle)-*

몽고군의 기동전 개념은 분산과 집중, 방향과 목표에 따라 기동을 변경하면서 적에게 기습을 가한 것이다.   *-리델 하트(B. H. Liddell Hart)-*

전격전

항공기로 적 후방을 공격하여 적의 전의를 마비시키는 한편 폭풍적인 경전차 부대가 동력화된 게릴라처럼 적의 배후로 침입하여 적을 공포와 혼란속에 몰아 넣어 전의를 분쇄하고 중전차 부대가 적을 공격 패주시킨다. 그런 다음 기계화 보병부대가 점령 임무를 담당하고 병참 부대가 뒤따른다. 이러한 기계화전에서 지휘관의 위치는 부대의 가장 중요한 위치인 통상 가장 위험한 위치이며 공격시에는 자연히 선두에 위치해야 한다.
     -풀러(J. F. C. Fuller)-

전격전에서의 기동은 하나의 심리전 무기이다. 적을 죽이지 말고 단지 기동만 하라. 이로 말미암아 적은 당황과 공포의 도가니로 빠져 지휘체계뿐만 아니라 정부 기능까지도 마비되고 말것이다. 언제나 승리의 비결은 속도에 있다.   *-풀러(J. F. C. Fuller)-*

제2차세계대전때 소련은 독일의 침략에 종심방어전투를 수행하면서 적이 점령한 지역에서는 유격부대를 편성하여 적의 작전을 방해하고 부역자들을 견디지 못하게 하였으며 최종적으로는 전격전으로 공격을 감행하였다.   *-어얼(E. M. Earle)-*

NCW(Network Certric Warfare 네트워크 중심전)

네트워크 작전이란 모든 군대 및 제대 간에 상호 운영 가능한 정보 및 의사소통 네트워크의 기반 위에서 부대들이 지휘 및 통제되며 투입되는 작전을 말한다. 네트워크에 관련되는 모든 인원, 기관, 단위 부대, 감시 및 무기 체계를 연결한다. 이렇게 연결된 지휘·통제, 정찰 및 효과 시스템은 군사적 행동이 긴밀하고 신속하게 협조되도록 해준다.

−독일 지상군 기본교리−

미군의 NCW 수행을 위한 기반 노력

1. 전장에 관해 정확하고 상세한 지식을 제공할 수 있는 선진 정보, 감시, 정찰 체계를 확보하고
2. 주어진 자료와 정보를 결합하여 유용한 지식으로 변환 시키기 위해 질적, 양적 과정을 개발하고
3. 개선된 목표 탐지 능력과 무기 유도 장치를 통해 고정 혹은 유동목표를 어떠한 거리와 방향에서든 정확히 타격할 수 있는 능력을 배양하고
4. 장거리 공군, 신속 해군, 경량 육군을 결합한 신속이동, 결정적 타격능력을 갖춘 군대와 정밀 타격이 가능한 무인 무기를 통합하여 대규모의 강력한 적을 제압하고
5. 기상과 기후, 주·야, 지형과 토양에 상관하지 않는 작전능력을 개발하고
6. 적군을 능가하는 전장 내의 육·해·공 이동능력을 확보하고
7. 정보 작전 즉 Network 안보, 심리전, 공격적 정보전을 수행할 수 있는 능력을 갖추고
8. 모든 군사력이 조화롭게 결합되어 어떠한 상황에도 대처할 수 있도록 사람과 정보의 명령, 통제체제를 갖춘다는 것이다.

NCW체제의 디지털화로 발생될 수 있는 문제점

1. 컴퓨터 네트워크 작동 불가시 전투를 어떻게 할 것인가!

2. 전장에서 수집되는 수많은 정보 중에서 필요한 부분을 식별 처리하여 필요한 부서, 제대에 실시간으로 공급하는 문제
3. 정보의 공유로 유발될 수 있는 지휘 간섭과 예하 지휘관의 독단 활용 등 지휘 통솔상의 문제
4. 획득된 적에 관한 정보에 대한 표적화 및 타격으로 인한 탄약소모 급증 문제
5. 광범위한 지역에 분산되어 있는 소규모 부대에 대한 부대 단결의 필요성과 화력 및 보급 지원 문제
6. 정보 네트워크의 보호 및 안전성을 확보하는 문제
7. 군대 조직의 수직적 계층 구조의 단순화 가능성
8. 전투원에 대한 전쟁공포증 제거와 사기 앙양 문제   −윤용남−

효과중심작전

효과중심작전은 정보와 장거리 정밀유도 무기체계의 발전으로 원거리에서 적의 핵심 표적을 정밀하게 타격할 수 있으므로 피해를 최소화하고 비접적, 비선형전투를 가능케 하고 있으며 병력 집중의 원칙보다 효과 중심 원칙을 강조하고 있다.   −윤용남−

독재 국가와 싸울 경우 적의 군사력을 공격하는 것 보다 적의 지도자를 공격해야 한다.

게릴라전

게릴라 전쟁은 눈에 잘 띄지 않고 더 이상 잃을 것이 없는 측과의 싸움으로 잡초를 캐는 일과 같아서 그 성과를 외형만으로 평가할 수 없다.

게릴라 행동은 전략적으로 전투를 회피하는데 노력하고 전술적으로는 손해를 입을 가능성이 있는 교전을 회피함으로써 통상적인 전투 방식을

역전시킨다. 모습은 보이지 않으나 도처에 적이 산재해 있다는 것은 싸움에 있어서 성공의 기본적 비결이다. 게릴라 부대에게는 집중의 원칙이 병력의 유동화 원칙으로 대치되지 않으면 안된다.

―리델 하트(B. H. Liddell Hart)―

무장저항운동은 그들에게 권위에 대한 부정과 점령군과의 투쟁에서 공중도덕의 규범을 깨뜨리는 것을 가르쳤다. 이것은 법 질서를 경시하게 만들어 침략자들이 가버린 후에도 계속되어 국가를 재건하고 안정 상태를 이루는데 매우 곤란을 겪게 된다.   *―리델 하트(B. H. Liddell Hart)―*

신속한 군사적 결단을 목표로 삼지 않는 전쟁에서는 거의 언제나 기강 상실이 나타난다. 무장한 병사들은 점차 전쟁을 개인적 치부나 보복의 기회로 삼고 무기를 자신들의 권력환상과 가학 욕구의 실현을 위한 도구로 이용하기에 이른다.   *―뮌클러(Herfried Münkler)―*

모택동의 16자 유격전법(1927.5 중공군이 주창한 유격전법의 기본원칙)

1. 적진아퇴敵進我退 : 적이 진격하면 아군은 후퇴한다.
2. 적주아요敵駐我擾 : 적이 멈추면 적을 괴롭힌다.
3. 적피아타敵疲我打 : 적이 피로하면 아군은 공격한다.
4. 적퇴아진敵退我進 : 적이 후퇴하면 아군은 추격한다.

중국 민병의 유격전법

1. 마작전麻雀戰 : 소수의 민병이 전투 소조를 이루어 집결과 분산을 신출 귀몰하게 하여 적의 몸과 마음을 극도로 피곤하게 만들어 주력 부대가 적을 섬멸할 수 있는 유리한 여건 조성 작전.
2. 지뢰전地雷戰 : 적의 통과나 접촉이 예상되는 지역이나 물건을 이용, 적

을 유인하여 지뢰지대에 봉착하게끔 각종 지뢰를 매설하여 적을 살상.

3. 지도전地道戰 : 지하도를 구축하여 집과 집, 마을과 마을을 연결, 지하에서 모든 전투를 할 수 있도록 하는 전법.

4. 파격전破擊戰 : 적의 수송, 통신연락수단을 파괴하고 적의 창고, 공장, 광산, 기계, 병기 등을 파괴하기 위한 습격 활동.

5. 복격전伏擊戰 : 대복은 미리 매복해 기다렸다가 적을 공격 하는 것이며 유복은 소수인원으로 아군 매복 지점으로 유인하여 공격.

6. 포착전捕捉戰 : 비밀스럽고 신속한 동작으로 갑자기 적의 면전에 출현하여 사로 잡거나 죽이는 방법.(주로 아측에 가장 위험한 첩자, 밀탐자, 특공대원 등을 포착)

7. 동굴전洞窟戰 : 인공동굴을 사방으로 뚫어 전개하는 작전.

8. 수상유격전水上遊擊戰 : 물 위에서 전개하는 작전.

9. 공심전攻心戰 : 구두선전, 삐라, 아군의 친척이나 친구를 통한 전향 작전.

10. 견벽청야堅壁淸野 : 적이 점령 하기 전에 적이 사용할 수 있는 것을 모두 없애 버리는 작전.

모택동의 게릴라 전술

1. 정규군을 분산해서 게릴라전을 수행하고 집결하면 기동전 수행.(정규전)

2. 적을 깊이 유인하여 들이고 주력은 피하고 약한 부대를 먼저 치고 적이 퇴각할 때 추격하여 섬멸한다.

3. 게릴라 부대 작전은 비밀, 신속한 행동으로 공격적이어야 하며 적을 불의에 기습하고 전투의 신속한 종결을 기도한다.

4. 게릴라전은 신출 귀몰한 행동으로 남쪽을 공격 하는 것처럼 보이면서 서쪽을 공격해야 하며 병력을 신축성있게 사용해야 한다.

보 구엔 지압(Vo Nguyen Giap)의 게릴라전술의 7대 원칙

1.총명성

−한 지점을 공격하는 척 하면서 실제적으로는 타지점을 공격함으로써
적으로 하여금 방어를 불가능케 하라.

−나타났다 숨었다 하면서 적으로 하여금 우리가 어디에 있는지 알 수 없
도록 하고 우리를 공격할 수 없도록 하라.

−적의 강한 곳을 피하고 약한 곳에 대해서만 공격하라.

−전진할 시기와 후퇴할 시기를 알아야 한다.

−공격하여 격파하고는 철수하라.

−성공이 확실치 않을 때는 싸우지 말고 철수하라.

−동일한 전술을 반복 사용해서는 안된다.

2.선제권

−적의 정세를 연구하라.

−우리의 약점을 개선해야 한다.

−적의 약점을 발견 할 줄 알아야 한다.

−적으로 하여금 우리의 기도에 따르도록 강요하기 위하여 불가능한 것
을 가능케 하라.

−만일 적이 약점을 전혀 드러내지 않고 완벽한 방어를 하고 있다면 우리
는 공격에 앞서 적으로 하여금 약점을 드러내도록 강요하지 않으면 안
된다.

3.공격 의지 : 모택동의 유격전술 16자 전법

4.결단성

5.비밀

6.신속성

7.완전성

게릴라 전술의 기본 요소는 인민의 지지 획득과 공격에 있어서의 치열성

과 신속성, 선제권, 호기의 이용이다.

모택동은 게릴라를 '물속의 물고기'라고 비유하였다. 물고기 자체만으로는 생존할 수 없으며 저항하는 국민과 훌륭한 지도자 그리고 승리할 수 있다는 신념이 있어야 하고 게릴라 투쟁을 계속하기 위해서는 외부로부터의 원조가 있어야 한다. 또한 활동무대가 아군에게는 유리하고 적에게는 불리한 지형조건이어야 한다.

대 게릴라전에서는 10대 1 이상의 수적 우세와 외부의 지원을 차단 하지 않고서는 성공할 수 없다는 역사적 사실을 기억해야 한다.
                                        -맥스웰 테일러(Maxwell D. Taylor)-

테러
테러리즘이란 용어가 최초로 등장한 것은 1798년 프랑스에서 발간된 사전에 '조직적인 폭력의 사용'으로 정의되어 있다. 일반적으로 테러리즘은 1793년부터 1794년까지의 프랑스혁명 기간에 시작되어 공포정치와 동의어로 사용되었다.   *-송영남-*

테러리스트는 그들의 목표를 선정할 때 목표의 내재적 가치를 기준으로 하는 것이 아니라 그 목표를 장악하거나 파괴하였을 때 이것이 대중에게 미치는 정치적, 심리적 영향을 우선으로 한다.   *-존 울프(John B. Wolf)-*

테러리스트들의 요구에 굴복하는 것은 그들의 행위를 강화시켜 준다. 비록 인명과 재산의 댓가가 비싸다 하더라도 자유 민주주의 사회의 가장 효과적인 대처 방안은 테러범들의 요구를 거절하고 실현 가능한 반테러 계획을 수립하는 일이다.   *-존 울프(John B. Wolf)-*

테러집단이 사이버 혹은 화생방, 소형핵무기 등의 대량살상 무기라는 수단을 선택한다거나 테러 목표로 밀집된 불특정 대중 혹은 경계가 소홀한 대규모 에너지 시설 등을 공격한다면 테러로 인한 재앙이 어떤 결과를 초래할 지 예측하기가 쉽지 않을 것이다. 이런 행위는 평시 치안 차원의 작전을 넘어 상황에 따라 군사작전을 수행해야 할 경우도 있을 것이다.

－윤용남－

테러리즘은 정치적 목적을 가진 단체가 체계적인 폭력 사용과 사용 위협을 통해 비전투원(민간인)에게 공포심과 심리적 충격을 가함으로써 목적 달성을 추구하는 행위이다.

문명화된 세계에서 하이테크(Hightech) 기술과 WMD(Weapon of Mass Destruction : 대량 파괴무기)의 사용 가능성은 테러 분자들에게 전세계를 대상으로 새로운 테러를 할 수 있는 환경을 제공해 주고 있다.

혁명전쟁
민주주의와 공산주의를 배합하고 반외세 투쟁과 게릴라 전술을 병행하다가 결정적인 시기를 노려 전면전으로 공산화하는 것이 전형적인 공산주의 혁명전쟁의 양상이다. 　　　－마이클 맥클리어(Michael Maclear)－

심리전
마음을 공격하는 것은 적을 아는 자이며 사기를 지키는 것은 자기를 아는 자이다. 마음을 공격한다는 것은 적의 관료와 정치가들과 군 지휘관 사이를 이간시키고 계략을 분쇄하는 동시에 적이 두려워 하는 모장謀將과 용장勇將을 기용하여 적의 간담을 서늘케 하고 전투 의지를 좌절시키는 심리 작전을 전개함을 의미한다. 　　　－이위공문대李衛公問對－

지휘관의 관심은 순수한 군사 행동에 한정되어서는 안되며 적을 기만하고 적의 사기를 저하시키기 위해서 거짓 소문을 퍼트리는 따위의 간계를 사용하는 효과적인 방법을 모색해야 한다.　　－마키아벨리(Machiavelli)－

전쟁이 시작되기 전에 어떻게 적을 정신적으로 붕괴시킬 수 있는가 하는 것이 나에게는 흥미있는 문제이다. 전쟁 지도자의 참다운 목적은 바로 전투를 하지 않고 적군을 항복시켜야 한다는 것이다.

－히틀러(Adolf Hitler)－

전쟁은 적의 사기를 저하시키고 적을 혼란 시키는 것으로 시작되며 무엇보다도 무기 대신 말로써 총알 대신 선전으로 수행되는 것이다.

－히틀러(Adolf Hitler)－

현명한 승리자는 패자에게 몇 번에 나누어 자기의 요구를 제시할 것이다. 주체 의식을 상실하게 된 국가들은 결국 자진해서 굴복하는 법인데 그들은 이러한 세분된 축차적인 압박에 대하여 무기를 들고 반항해야 할 아무런 이유를 찾아 내지 못하게 된다. 그러나 이러한 과정이 반복되면 될수록 피정복국가의 국민들은 겉보기에는 서로 아무런 관련성이 없는 것처럼 보이는 승자의 또 다른 요구사항에 맞서서 자신을 지킬 준비를 할 필요가 없다는 생각을 점점 더 갖게 되는 것이다. 특히 이러한 현상은 압력 과정을 은밀히 참을성있게 진행시킬수록 더 두드러지게 나타나는 것이다.　　－히틀러(Adolf Hitler)－

전쟁은 모략에 의해서도 승리 할 수 있다. 기회만으로는 성공할 수 없다.

－나폴레옹(Napoleon)－

적을 이기기 위해서는 심리전에서 승리해야 한다. 나의 몸과 마음을 바르게 하고 적으로 하여금 마음이 삐뚤어지거나 흔들려 평정을 잃게 하고 위험과 역부족을 느끼게 만들어 기회가 포착되면 때를 놓치지 말고 급소를 쳐라. 특별히 강한 곳의 모서리를 쳐서 깨면 전체도 약해져 차차 무너진다.

-宮本武藏-

용병의 길은 마음을 공격하는 것을 상책이라 하고 성을 공격하는 것을 하책이라 한다.

-촉서蜀書-

중국의 3전은 심리전, 여론전, 법률전을 말하며 심리전은 적군과 민간인의 사기를 꺾고 전쟁의지를 단념시킴으로써 적의 군사 행동을 약화시키고 자국군과 국민의 사기를 진작시키는 작전이다. 여론전은 국내외 여론에 영향을 미치는 것을 목표로 군사 행동에 대한 자국민과 국제 여론의 지지를 확립하고 자국의 이익에 반하는 적의 행동을 단념케 하기 위한 작전이다. 법률전은 군사 행동의 정당화를 위한 국내 및 국제법을 통한 국제사회의 지지를 얻기 위한 작전으로 상호 연계된 작전이다.

교묘하고 적절한 선전모략은 작전 지도에 공헌하는 일이 적지 않다.

-大橋武夫-

침공국은 피침공국 민중의 이익이나 민족주의를 위해서 침공한 것임을 교묘하게 선전해야 하며 방어국은 이념이나 민족주의를 택하여 단결을 추구하도록 사상전을 전개해야 한다.

연합군은 단순히 상비군의 규모와 무기 체계에 의한 전쟁을 치렀지만 우리는 전 국민이 지도자를 구심점으로 하는 총력전을 수행했으며 아울러 미국의 여론으로 하여금 반전사상을 고조시키게 한 것도 중요한 요소였다.

-보 구엔 지압(Vo Nguyen Giap)-

군사전략

독특한 군사사상이 없는 국가는 영원한 생명을 누릴 수 없다.

－포슈(*Ferdinand Foch*)－

전략은 전쟁의 목적을 위하여 전투를 사용하는 것에 관한 이론이다.

－클라우제비츠(*Clausewitz*)－

군사전략은 군사 목표를 달성하기 위해 가용한 군사력을 운용하는 것이다.

전략은 전투지역, 시간, 전력 등을 결정하며 결정적인 순간에 전투력이 집중되어야 한다. －클라우제비츠(*Clausewitz*)－

전략, 전술의 성공요소는 절대적인 전투력 우세, 지형의 잇점, 기습, 다방면 공격, 전쟁지원, 국민의 협력, 위대한 정신력 발휘 등이다.

－클라우제비츠(*Clausewitz*)－

전략의 목적은 결전이 가장 유리한 상황 하에서 이뤄지도록 하는 것이기 때문에 상황이 유리하면 유리할수록 그것에 반비례해서 전투는 적어진다.

－리델 하트(*B. H. Liddell Hart*)－

전략적으로 바람직한 목적이라도 일단은 전술적으로 동원 가능한 병력과 장비로 성취할 수 있어야 한다. －몽고메리(*B. L. Montgomery*)－

최상의 방법은 적이 전쟁하려는 의도를 분쇄하는 것이다.

-손자병법 제3편 모공謀攻-

대전략은 한 나라의 모든 자원을 전쟁의 정치적 목표 달성을 위해 조정하고 관리하는 것이기 때문에 경제적 압력의 힘, 외교적 압력의 힘, 상업상 압력의 힘과 적의 의지를 약화시키는데 결코 무시할 수 없는 윤리적힘 등을 고려에 넣어야 한다. 대전략의 범위는 전쟁의 한계를 초월하여전후에 오는 평화까지 고려 해야 한다.   -리델 하트(B. H. Liddell Hart)-

전략의 참다운 목표는 유리한 전략적 상황을 모색하는 것으로서 만약 그것만으로 어떤 결말이 나지 않을 경우에는 전투에 의해서 달성시켜야 한다.

-야딘(Yigael Yadin)-

군사 전략에는 군사 전략 목표의 설정, 자원할당, 군사력 사용조건 제시,전쟁 계획 발전 등이 포함된다.

전략은 군사 작전을 위한 각종 자원, 예를 들면 물자와 인원과 같은 유형적인 요소와 군사작전에 대한 정치적, 국민적 지지와 같은 무형적 자원을제공해 준다. 자원이 불충분 할 때는 지휘관은 추가적인 자원을 건의하거나 전략 목표 수정을 요구해야 한다.

전술적 잇점이 있다고 해서 전투를 해야 할 충분한 이유는 되지 못한다.전략적 잇점이나 필요성 여부가 더욱 중요하다.

전략은 전술의 승리를 수단으로 삼아 평화라는 목적을 실현하려는 것이다.

-클라우제비츠(Clausewitz)-

전략 이론은 예상할 수 있는 전투의 결과 뿐만 아니라 전투할 때 가장 중요한 영향을 미치는 정신력과 감성의 힘도 알아야 한다.

-클라우제비츠(Clausewitz)-

전략적 방어에서는 군인들이 손발이 묶인 채 협상을 위한 전술적 공격, 방어만 되풀이할 공산이 크다. 이렇게 되면 승리를 위한 전쟁도 아니고 군인들의 피만 장기간 요구하게 된다.

우리와 같은 작은 나라에서는 신속하게 전장을 적 영토로 전개해야만 승리한다. -오리올(Vincent Auriol)이스라엘 외교국방위원장)-

적이 공격할 때까지 기다렸다가 행동하는 것은 자위自衛가 아니라 자살이다.

-조지 W. 부시(Geroge W. Bush)-

전쟁은 다소 미흡한 점이 있더라도 속전 속결해야지 장기전을 해서는 안 된다. -손자병법 제2편 작전作戰-

백 번 싸워 승리하는 것이 결코 최선의 방법이 아니고 싸우지 않고 적을 굴복시키는 것이 최선의 방법이다. 최선책은 적의 계획을 깨는 것이고 차선책은 적의 동맹 관계를 단절시켜 적을 고립시키는 것이고 그 다음은 적의 군대를 격파하는 것이고 가장 하책이 적의 성을 공격하는 것이다.

-손자병법 제3편 모공謀攻-

승리할 가망이 없을 경우에는 지키고 승리할 자신이 있을 경우에는 공격하라. -손자병법 제4편 군형軍形-

전투를 잘하는 자는 처음부터 패배하지 않을 태세를 갖추고 적을 패배시킬 수 있는 기회를 놓치지 않는다. 이런 까닭에 승리하는 군대는 먼저 이기고(승산이 확실할 때) 그 후에 전투를 시작하고 패배하는 군대는 덮어놓고 전투부터 시작하고 그 후에 승리를 찾으려 한다.

-손자병법 제4편 군형軍形-

승리하는 군대는 싸우는 것이 마치 막아둔 물을 터서 천 길 계곡으로 쏟아지게 하는 것과 같이 하는 것이니 이것을 형形이라 한다.

-손자병법 제4편 군형軍形-

적국을 굴복시키려면 중대한 위해危害를 가하여 적에게 위협과 손해를 끼쳐 공포심을 조장하고 재정적 손실을 초래할 수 있는 사업을 추진하도록 공작을 하고 이익됨을 보여줘 적국을 분주하게 하고 동요하게 만들어야 한다.

-손자병법 제8편 구변九變-

전쟁의 승패는 대개가 하나의 실수로 인하여 일어나므로 한 번 실수는 병가의 흔히 있는 일이라는 것을 철저히 배격해야 한다. 적에게 과오를 범하게 하는 것이 전략의 심오한 것으로 그 과오를 잘 활용하는 자가 승리의 영광을 얻을 수 있다.

-이위공문대李衛公問對-

가장 효과적인 간접접근이란 적을 유인하거나 또는 놀라게 하여 그릇된 행동을 하게 함으로써 유도에서 처럼 적이 자신을 전도시키는 것이다.

-리델 하트(B. H. Liddell Hart)-

공세적 전략에 있어서 간접접근은 통상적으로 적국이나 적군의 보급원인 경제적 목표에 지향되는 군사 행동과 적의 심리 및 배치의 교란에 그 효과가 있다.

-리델 하트(B. H. Liddell Hart)-

적의 병참선을 차단하는 것은 적의 물질적 증강을 마비시켜 육체적 조직을 마비시킨다. 퇴로의 봉쇄는 적의 전투의지와 사기를 저하시켜 정신적 조직을 마비 시키고 적의 행정 중심부를 타격하여 연락망을 교란시켜 지휘부와 예하부대간의 연결을 단절시킴으로써 두뇌와 육체간의 긴요한 연결체인 신경조직을 마비시킨다.

-리델 하트(B. H. Liddell Hart), 야딘(Yigael Yadin)-

교란은 전략의 목표이다. 전략적 교란은 ①적에게 전투정면의 돌연한 변경을 강요함으로써 적 부대의 배치 및 조직을 교란시키고 ②적부대를 분리시키며 ③적의 보급을 위기에 빠뜨리고 ④적의 후퇴로를 위협하는 등 기동으로써 이러한 전략적 교란을 일으킬 수 있다.

-리델 하트(B. H. Liddell Hart)-

정부가 결정하는 군사적, 정치적 목적을 달성하기 위한 계획수립은 부차적인 작전 및 견제 작전과도 서로 협조되고 조정되어야 한다. 그러나 주 목표는 전쟁원칙을 충분히 이용하여 전투가 개시되기 전에 전투의 승부가 전략적으로 결정되도록 하거나 그렇지 못하면 적어도 전투가 아군에게 최대한으로 유리하게 전개되도록 하는데 있다는 것을 항상 명심하고 있어야 한다. 이것이야 말로 완벽한 전략 계획 수립의 비결이다.

-야딘(Yigael Yadin)-

전쟁을 잘 하는 사람은 적이 아무리 대군이라 하더라도 교묘하게 적의 병력을 분단分斷시켜 상호 지원이 불가능하게 만들고 분단된 적을 공격함으로써 상호 연락과 지원을 불가능하게 만든다.   -손빈孫臏-

간접접근 전략이란 주력을 투입하기 전에 적군의 균형을 무너뜨리기 위해 강구되는 제 방책이다. 바꿔 말해 피·아 주력의 정면 충돌을 피하면서 적군의 후방을 교란한다든지 또는 전혀 예상하지 못한 방향으로 기습 공격을 가함으로써 적의 전투 태세를 일거에 무너뜨리는 방책(기책)이라고 말할 수 있다.　　　　　　　　　　　　　　　－콜린스(Grand Strategy 저자)－

명백한 정치상의 목적없이 군사력을 사용한다는 것은 타당하지 못하다. 힘을 과시하는 데는 여러 가지 방법이 있겠으나 함부로 내보이지 않는 것이 상대방을 가장 무서워 하게 만든다. 군사력을 사용하겠다는 의지를 과시하는 것(상대방의 면전에 칼을 들이대는 것)으로 적의 의지를 굴복시켜보는 것도 하나의 방법이 될 수 있다.　　－콜린 파월(Colin L. Powell)－

전역은 주어진 시간과 공간에서 전략 및 작전술 목표를 달성하기 위하여 수행하는 주요 작전이다.　　　　　　　　　　　　－미통합지상작전(FM3-0)－

제한 전쟁은 소모전략이며 전체 전쟁은 파괴전략이다.
　　　　　　　　　　　　　　　　　　　　　－델브릭크(Hans Delbrück)－

롬멜의 전술기조는 기만, 기습, 속도였다. 그는 직접적인 방법보다는 간접적인 방법, 물리적인 면보다는 심리적인 면을 중시하며 적의 지휘 조직의 마비와 심리적 균형의 전복에 중점을 두었다.　　　　　　　　－황규만－

전쟁은 적군과 아군의 지혜와 용기의 대결이자 경쟁이라고 보았으며 적군을 이기려면 지혜와 용기로 싸워야 하며 계략을 써서 자기의 의도대로 주도적으로 승리를 쟁취해야 한다.　　　　　　　　　　　　　－주역周易－

군대가 아무리 훌륭하고 좋은 지휘관의 지휘 하에 용감하게 싸울지라도 전략적 방어 하에서 얻을 수 있는 가장 좋은 결과는 교착 상태이다.
　　　　　　　　　　　　　　　　　　　　　－코르츠(Von der Goltz)－

적에게 평화 협정을 제의하기 위한 동기를 부여하는 데는 적이 전쟁에서 이길 가능성이 없을 때거나 적이 승리하기 위해서 지나치게 큰 희생을 치러야 할 때이다.　　　　　　　　　　－클라우제비츠(Clausewitz)－

전략은 최고 작전 사령부(합참, 연합사)에서 전국적인 작전 지역을 대상으로 전쟁을 지도하고, 작전술은 작전제대(군, 군단)에서 하나의 작전지역을 대상으로 작전을 실시하며, 전술은 사단급 이하 제대의 전투 지역에서 제병 협동 전투 및 근접전투를 실시하는 용병술 체계이다.

작전술은 시간, 공간 및 목적면에서 전술적 행동을 통하여 전체적으로 또는 부분적으로 전략적인 목표 달성을 추구하는 것이다.
　　　　　　　　　　－미통합지상작전(FM3-0)－

작전술은 전략 목표 달성을 위해 부대 전개, 부대의 투입 및 철수 그리고 일련의 성공적인 전술 행동을 통제한다. 군사전략이 국가 전체 군사 분야에서 전쟁 수행을 위한 기본개념을 도출하는 것이라면 작전술은 가용한 군사력을 운용하는데 있어서 시간, 장소, 상황에 따라 기동과 배치를 통해 결정적인 승리를 쟁취하기 위한 작전 수행방법(전법)이다.

전술 지휘관은 전장에서의 전투에 최선을 다해야 하며 작전술 지휘관은 장차 작전을 내다 보아야 한다.

작전적 수준에서의 전투가 언제, 어디서 싸울 것인가를 결정해야 하는 것처럼 작전적 수준에서의 리더십은 언제, 어디서 개인적인 영향력이 필요한지를 결정하는 능력이라고 할 수 있다.

작전 속도(Tempo)를 촉진하기 위해 첫째, 복합적인 전술 행동을 동시에 수행하고 둘째, 전술적 결과를 미리 예측하고 지체없이 그러한 결과들을 전과확대할 수 있도록 후보 계획을 발전시키고 셋째, 통합된 상급의도 범주 내에서 분권화된 의사 결정을 바탕으로한 지휘체제를 창출해야 한다. 마지막으로 우리는 불필요한 전투를 회피함으로써 속도를 유지할 수 있다. 어떤 전투나 교전에서 비록 우리가 적을 격파하였더라도 그러한 것들은 시간을 요하게 되어 결국은 작전적 속도를 점차로 약화시킨다.

전술과
전투

개념

전술은 전투에서 군사력의 사용에 관한 이론이다.
−클라우제비츠(Clausewitz)−

전술은 전역 및 대규모 작전의 일부 또는 독립적으로 적과 교전하는 전투기술이다.

전술이란 전투에서 승리하기 위해 신속하게 기동하여 집중하고 생존을 위해서 신속하게 분산하는 기술이다. −마한(Mahan)−

전술적 행동은 적, 지형, 우군 또는 다른 요소(기관)들과 관련된 특정한 목적을 위해 계획되며 치명적 또는 비치명적 수단을 운용하여 수행하는 전투 또는 교전이다. −미통합지상작전(FM3−0)−

전투의 목적은 적 군사력의 격멸이라고 하지만 단순한 무력시위나 전투 없이 부대 기동이나 포위 등에 의해 달성될 수도 있다.
−클라우제비츠(Clausewitz)−

적의 전투력을 파괴한다는 것은 언제나 전투의 목적을 달성하기 위한 수단이다. −클라우제비츠(Clausewitz)−

전투는 장병들의 용기와 지략, 사기로 결정된다.   *-육도六韜-*

전투를 위한 고려 요소는

1. 기상과 기후
2. 적절한 전투 및 전투 근무지원
3. 상·하 일심동체
4. 지형의 활용
5. 우수한 무기체제 보유   *-사마법司馬法-*

공격은 창이고 방어는 방패이다. 고로 양자는 상호보완적인 조립체이다.

-이위공문대李衛公問對-

전투에 있어서 불변의 진리

1. 공격적인 전투는 결정적인 전투 결과를 얻는데 필수적이다.
2. 동등한 전투력이면 공격자보다 방어자가 유리하게 전투력을 발휘하게 된다.
3. 성공적인 공격이 불가능할 때는 방어하는 것이 상책이다.
4. 측면이나 후면 공격이 정면 공격보다 성공 확률이 높다.
5. 주도권은 우세한 전투력의 활용을 가능하게 해준다.
6. 방어에 성공할 확률은 방어 진지의 강도에 비례한다.
7. 아무리 강한 방어선도 희생을 각오한 공격에는 돌파된다.
8. 성공적인 방어를 위해선 방어 종심과 예비 전력이 필요하다.
9. 실질적인 전투력이 큰자가 승리하게 된다.
10. 기습은 실제적으로 전투력의 상승효과를 가져온다.
11. 적을 살상, 붕괴, 제압, 분산시키는 것은 화력이다.
12. 모든 전투는 예상보다 더디고, 저생산적이고, 비능률적으로 진행되기 마련이다.

13. 전투는 매우 복잡하여 쉽게 파악되지 않는다. −두푸이(T. N. Dupuy)−

전투에서의 3가지 화근

1. 적의 행동이 예상했던 것과 다를 때 이를 수상하게 생각하여 충분한 대책을 세워야 하는 데도 불구하고 무조건 최초계획 대로 공격하는 경우.
2. 계획된 대로 행동하는 것이 타당한데도 의문을 가지고 행동을 망설이는 경우.
3. 전세에 따라 신속하게 공격할 경우와 서서히 대처해 나가야 할 경우가 있는데 이를 구분 못하고 한결같이 적과 대결하는 경우.

−울료자尉繚子−

전투의 주요 요소는 화력, 기동, 장애물 활용, 정보 우위를 위한 노력이다.
−독일 지상군 기본교리−

전투에서 승리하려면 우수한 무기 체계와 전쟁기술, 용맹스러운 전투 의지를 길러주어야 한다. −울료자尉繚子−

부대의 충격력은 화력의 강도, 기동속도, 적화력의 영향으로부터의 방호 수준에 따라 결정된다. −독일 지상군 기본교리−

전쟁에 있어서 항상 필수 요소는 기동과 화력, 안전의 필요성이다.
−몽고메리(B. L. Montgomery)−

전투의 전술적 방법의 핵심은 기습, 역량의 집중, 전군의 협조, 통솔, 단순성, 신속한 행동, 기선의 요소로 이루어져 있다.
−몽고메리(B. L. Montgomery)−

방어는 소극적 목적을 갖는 강력한 전투 형태이며 공격은 적극적 목적을
갖는 약한 전투 형태이다.　　　　　　　　　－클라우제비츠(Clausewitz)－

작전의 성공 요건

1. 지휘관의 위엄은 일단 내린 명령을 경솔하게 변경해서는 안된다.
2. 부하에 대한 논공행상은 적절한 시기에 베푸는데 그 의의가 있다.
3. 좋은 기회는 임기응변으로 적절히 대처해 나가야 한다.
4. 전투하는 부하들의 사기를 잘 북돋워 주어야 한다.
5. 공격은 적의 허점을 찾아 적이 전혀 뜻하지 않은 시기와 장소에 기습
   적으로 공격해야 한다.
6. 방어는 공격해오는 적의 사기를 꺾어야 한다.
7. 전쟁 수행에 필요한 제반 사항을 정확히 산정하여 이를 기초로 치밀한
   작전계획을 수립해야 한다.
8. 전투 중 어려움에 봉착하여도 여유있는 전투를 하려면 충분한 전투
   지원을 포함한 예비 전력이 있어야 한다.
9. 전시엔 작은 일도 가볍게 보지 말고 두려운 마음으로 대처해 나가야 한다.
10. 국부적인 승패에 관심을 두고 승리의 대세를 지배하는 요인을 망각하
    면 승리할 수 없다. 언제나 대국을 저버리지 말고 지략을 활용해야 한다.
11. 피해를 최소화 하기 위해서는 사전 사후의 과단성 있는 행동이 요구된다.
　　　　　　　　　　　　　　　　　　　　　－울료자尉繚子－

방어를 잘 하는 자는 그의 전력을 땅속 깊이 감춘 것 같이(철저한 기도비
닉)하여 적에게 공격의 틈을 주지 않으며 공격을 잘 하는 자는 높은 하늘
에서 움직이는 것 같이 하여(정보, 정찰, 감시 활동에 의한 철저한 적 상
황파악, 신속한 행동) 적에게 방어할 틈을 주지 않는다.
　　　　　　　　　　　　　　　　　－손자병법 제4편 군형軍形－

적을 이길 가망이 없으면 아군은 한동안 수비하고 적을 이길 수 있는 기회가 도래하면 즉시 공략하는 것이지 힘이 강하고 약하기 때문에 공격하고 방어하는 것이 아니다. 공격하는 것은 방어하기 위한 기회를 찾고자 함이요 방어하는 것은 공격하기 위한 책략을 얻고자 함이니 공격과 방어는 한결같이 승리를 도모하는데 귀착된다. 수공守攻의 도리를 아는 자는 전황戰況에 따라 기병과 정병의 전술을 적절히 활용하여 승리를 거둘 수 있다.

－이위공문대李衛公問對－

적이 당황하여 허물어지는 순간을 포착하여 적에게 조금의 여유도 주지 말고 몰아부쳐 완전히 굴복시켜라. 재기할 여력을 남겨 주어서는 안된다.

－宮本武藏－

예비대를 갖지 않는 지휘관은 대사건의 방관자에 지나지 않는다.

－프레데릭(Frederich)－

결정적 지점의 결정은 전투상황에 따라 결정되지만 대체적으로 적군이 과도하게 신장 배치되어 있으면 중앙부가 항상 적의 공격 목표가 되고 적의 배치 상황과 전투력의 대소에 따라 양익 중 한쪽 끝이나 양익 모두가 결정적인 지점이 될 수도 있다.

－조미니(Jomini)－

회전을 실시함에 있어서 양동작전, 측 후방 기습작전, 특수부대로 하여금 적후방 교란 등으로 주력부대 작전에 기여해야 한다.

－大橋武夫－

아군의 전력이 적보다 월등하면 공격하고 두 배 정도가 되면 적을 분산시켜 공격하고 비슷할 때는 최선을 다해 싸우고 전력이 적보다 부족할 때는 지형을 이용하여 방어하고 방어 또한 어려울 때는 후퇴하라.

－손자병법 제3편 모공謀攻－

적의 사기를 죽이고 허점을 찾기 위해 교란 작전과 유인 작전을 감행하고 불리한 경우에만 철저한 방어를 해야 한다. —육도六韜—

적에게 포위 당했을 때 신속하게 싸우면 이길 수 있으나 서서히 싸우면 패한다. 돌격대를 편성하여 사방으로 신속하게 공격하여 적을 교란시키고 허점을 찾아 신속하게 공격하면 포위망을 탈출할 수 있다. 이 때 중요한 것은 적보다 우수한 무기 및 장비를 갖추고 지휘관과 부하 장병들이 필사의 각오로 싸우려는 전투 의지와 적의 허점을 찌르는 적시적타의 작전 계획이다. —육도六韜—

열세한 군사력으로 적의 대군을 맞이 했을 때는 유리한 지형에 매복하였다가 지속적으로 적의 좌·우 측방과 후방을 공격하고 유리한 지형으로 유인하여 적을 공격해야 한다. —육도六韜—

피·아 전투력이 비슷하여 교착상태에 빠졌을 때는 경무장한 소부대를 보내 적이 어떻게 나오는가를 살펴본다. 적이 공격해오면 패주하고 복병으로써 적의 측면을 공격해야 한다. —손빈孫臏—

아군이 강대하고 적군이 열세일 경우에는 유인 방책을 써야 한다. 먼저 아군대열을 일부러 흩트려 적의 작전이 성공한 것처럼 보이게 한 다음 적이 달려들면 즉각 공격해야 한다. —손빈孫臏—

세력이 균형되어 있는 적군을 공격하려면 적군을 교란하여 분단시키고 아군의 병력을 집중하여 각개 격파해야 한다. 적군을 분단시키는데 실패하면 즉각 공격을 중단 해야 한다. —손빈孫臏—

적국에 들어 갔을 때는 적국의 지세와 기상과 기후를 잘 파악하여 이를 이용하고 대처할 줄 알아야 한다. 특히 중요한 목이나 교량, 교통 중심지를 확보하여 보급이 차단되거나 포위당하지 않도록 해야 한다. 적의 주민이 사는 지역을 점령 했을 때는 선무 심리전을 전개하여 아군의 군사 작전을 용이하게 해야 한다.

-육도六韜-

산악지대를 전진할 때는 계곡을 의지해야 하며 시계가 양호한 고지를 점거하고 높은 곳에 있는 적과 싸울 때는 정면으로 올라가서는 안된다.

-손자병법 제9편 행군行軍-

고지를 배후에 두고 낮은 지형을 앞에 두고 전투를 해야 한다.

-손자병법 제9편 행군行軍-

산악지대에서는 병사들이 여기저기 흩어져 있기 때문에 지휘관의 체계적인 지휘활동이 어려워진다. 병사들이 각자 알아서 행동해야 하는 경우가 많이 생긴다.

-클라우제비츠(Clausewitz)-

산악작전에서는 일부 병력으로 정면의 적을 견제하고 주력은 우회하여 유리한 방면에서 결전을 실시할 때가 많다.

-大橋武夫-

하천선 전투에서 물을 건너면 반드시 물에서 멀리 떨어져야 한다. 적이 도하를 할 경우 반쯤 건넜을 때 공격하는 것이 유리하며 아군이 도하할 경우에는 물가에서 대적해서는 안되며 높은 곳으로 진출해야 한다.

-손자병법 제9편 행군行軍-

전투준비

용병의 원칙은 적이 오지 않으리라는 것을 믿지 말고 나에게 적이 언제든 와도 대처할 수 있다는 준비 태세를 믿어야 한다.

용병에서 요행수로 승리를 거두기를 원해서는 안되며 오로지 전투 준비
태세에 만전을 기해야 한다. *-이위공문대李衛公問對-*

군은 주둔 중이거나 행군 중임을 막론하고 언제든지 전투할 수 있는 적
합한 장소를 선정해야 한다. *-나폴레옹(Napoleon)-*

군사행동 전 준비
1. 천지의 도를 밝힌다.(대의명분大義名分)
2. 인심의 동향을 살펴 파악한다.
3. 전투 훈련을 철저히 한다.
4. 상벌의 기준을 확립한다.
5. 적의 전략·전술을 연구한다.
6. 도로의 상태를 조사한다.
7. 안전한 루트와 위험한 루트를 선별한다.
8. 피·아의 전력을 분석한다.
9. 진격과 후퇴의 시기를 명확히 안다.
10. 호기를 포착한다.
11. 수비를 군힌다.
12. 강력한 전투의지를 조성한다.
13. 병사의 능력을 극대화 한다.
14. 주도면밀한 작전계획을 수립한다.
15. 사지에 들어가는 각오를 군힌다. *-제갈량諸葛亮-*

임전태세를 갖추는데 중요한 것
1. 상·하 일치단결, 충천한 사기로 정신무장이 선행되어야 한다.

2. 신상필벌을 공포하여 전투 의지를 고취시켜야 한다.

3. 상관은 온화한 낯빛으로 부하를 사랑하고 부드러운 언사로 그들을 깨우쳐주고 이끌어야 한다.

4. 군령의 두려움을 느끼도록 해야 한다.

5. 장병들의 능력을 고려하여 적재적소에 배치하여 싸우도록 해야 민첩한 기동력을 발휘할 수 있다.

6. 지휘관은 적의 상황과 지세를 잘 판단하여 승리할 수 있는 계획을 세운 다음 명령을 하달해야 한다.　　　　　　　　　　　　　*—사마법司馬法—*

비관적으로 준비하고 낙관적으로 대처하라.

사고없는 부대가 훈련도 잘하고 전투도 잘한다. 평소 전투력을 잘 보존해야 전투에 승리 할 수 있다.

공격

전쟁에서 가장 확실한 방어는 공격이며 공격능률은 전투원의 공세적인 정신자세에 달려 있다.　　　　　　　　　　*—패튼(George S. Patton. Jr)—*

공격은 반드시 적의 허점을 찾아서 해야 한다.　　　　*—사마법司馬法—*

공격 전투의 중요한 특징은 전투를 하면서 포위하든지 아니면 우회하는 것이다.　　　　　　　　　　　　　　　*—클라우제비츠(Clausewitz)—*

전술적 정면을 공격하는 시대는 급속도로 사라져 가고 있으며 이제 전술은 측방 및 후방 공격에 의해서 주임무를 완수하는데 목표를 두고 있다.

—야딘(Yigael Yadin)—

공격은 급습으로 일거에 적진지의 전 종심을 돌파해야 한다. *-大橋武夫-*

전술이 가르치는 바에 의하면 전투력을 분할하지 않고 우회하여 한 측면을 포위해야 한다.　　　　　　　　　　　　　*-나폴레옹(Napoleon)-*

공격에서 최대의 잘못은 위력과 준비 불충분을 정신력으로 보완하려는 것이다.　　　　　　　　　　　　　*-코르츠(Von der Goltz)-*

전쟁을 개시함에 있어서 공격을 취했다면 최후까지 계속해야 한다.
　　　　　　　　　　　　　　　　　-나폴레옹(Napoleon)-

공격은 적을 굴복시키는 것이다. 공격은 행동의 자유를 지키고 사기, 열정, 전투원의 노력을 높게 유지하여 궁극적으로는 적을 파쇄하여 승리를 쟁취하는 것이다. 방어는 적의 의지대로 적이 원하는 바 대로 굴복하여 패배를 선고받는 것이고 행동의 자유를 박탈당하는 것으로서 아군 병력에게 공포와 절망을 안겨준다. 방어를 통해 얻을 수 있는 가장 큰 이익은 승리도 패배도 하지 않는 것이다. 그러나 일반적으로 방어는 적이 승리하는데 유리하게 작용한다.　　　　*-무스타파 케말(Mustafa Kemal)-*

공격은 힘껏 당긴 화살과 같아야 하며 터질 때까지 부풀어오르는 비눗방울과 같아서는 안된다.　　　　　　*-클라우제비츠(Clausewitz)-*

공격이 개시되거나 또는 성공적으로 개시될 수 있기 전에 적의 균형을 뒤집어 놓아야 한다.　　　　　*-리델 하트(B. H. Liddell Hart)-*

상대가 방심 하고 있을 때 빠르고 강하게 단번에 끝내라.　　*-宮本武藏-*

공격을 위한 작전 계획을 수립하고 기동할 때 반드시 적을 기만하는 부대와 적에게 기습을 가하는 부대를 정하고 이들에게 필요한 임무를 부여하고 전투에 임했다.

-롬멜(Erwin Rommel)-

공격을 계속할 경우에 보급기지로부터 점점 멀어지게 되므로 보다 길어진 병참선을 보호해야 한다. 보충 병력 지원이 어려워지고 측면이 더 노출되어 전투와 질병으로 손실이 발생하며 전투력의 이완으로 공격력이 점차 감소할 것이다. 요컨대 다른 조건이 같다면 시간의 흐름은 방어 측이 유리하게 되고 공격 측의 기력을 감소시킨다. 따라서 공격이 정점에 달하면 방어자세를 취하고 평화를 기다려야 한다. 예리한 판단력으로 공격의 정점을 간파하는 것이 무엇보다도 중요하다.

-클라우제비츠(Clausewitz)-

승리를 위한 가장 확실한 방법은 공격이라는 현실을 이해하지 못하고 진부한 태도를 취하는 국가들도 있다.　-무스타파 케말(Mustafa Kemal)-

적의 전선을 궁극적인 공격목표로 삼아서는 안된다. 적의 방어전선을 무너뜨리기 위해 처음부터 대규모 병력을 집중하거나 예비대를 구축할 필요가 없다. 핵심은 적의 측방을 파고 드는 것이다. 섬멸전은 적의 후방을 공격함으로써 완성된다.

-슐리펜(Schlieffen)-

완벽하게 전투태세를 갖춘 적은 공격하지 않는 것이 좋다.

-손자병법 제7편 군쟁軍爭-

이런 적은 공격하면 승리할 수 있다.
1.거국일치로 단결되지 못하고 정신 무장이 되어 있지 않은 적.
2.부하들의 어려움을 돌보지 않고 목적만을 달성하려는 적.

3.장기전으로 염전사상이 만연되고 경제적인 어려움으로 전쟁을 지원할
   능력이 떨어지며 천재지변이 자주 일어나 이를 수습하기 어려운 상황
   에 처한 적.
4.상대국보다 전투력도 약하고 지세가 불리하여 작전에 많은 지장을 줄
   뿐 아니라 국외의 어느 나라도 지원을 해주지 않는 적.
5.사기와 전투 의욕이 상실되어 무장을 풀고 휴식하고 있는 적.
6.지휘관은 능력이 모자라고 간부들은 부대를 장악하지 못하고 병사들
   은 전투 의지가 약하며 항상 공포심에 떨고 있고 상관과 아랫 사람들
   사이에 일체감이 없어 단결되지 못하고 명령계통이 제대로 서 있지 않
   는 가운데 원군援軍의 가망도 없는 적.
7.작전이 서툴고 기동력이 없어 전진과 후퇴를 신속하게 하지 못하고 머
   뭇거리는 적.
8.전투준비가 제대로 되어 있지 않고 경계가 소홀한 적.   -오자吳子-

적을 공격할 때는 아침보다 정신이 해이해지고 피로한 오후나 저녁에 하
는 것이 유리하다. 이 말은 시간적인 것이 아니라 상황과 정신 작용에 관
한 것으로써 적의 전투의지를 탈취하는데 그 의미를 두고 있다.

                                              -오자吳子-

공격에 간접적 접근방법이란 적을 유인하거나 놀라게 함으로써 아군의
양동 작전에 걸려들게 하는 것이다. 즉, 주전투에 있어서 적의 주력을 먼
저 격파하려는 노력보다는 적의 조력助力을 격파하는 것이 오히려 성과
가 크다.
                                   -롬멜(Erwin Rommel)-

군대 건립의 목적에는 진공進攻의 임무가 수비의 임무보다 많으며 수비
를 하더라도 역시 그것은 진공을 위한 준비일 따름이다. -모택동毛澤東-

포위를 할 때는 먼저 심리적으로 적을 압도하여 포위를 완성토록 하고 항상 적의 역포위 기도를 조기에 탐지 간파해야 한다. 부단히 기선을 유지하여 적으로 하여금 수동태세에 빠지도록 해야 한다.　　　-大橋武夫-

견고한 진지를 점령하고 있는 적에 대한 공격은 적의 일익을 와해시키고 가능한 한 결전을 진지 밖으로 유도하여 적으로 하여금 대부분의 진지 시설을 이용할 수 없게 해야한다. 최대의 기동력을 발휘하여 포위와 우회를 기도해야 한다.　　　-大橋武夫-

포위는 적 전선 바로 후방에 할수록 전선에 배치되어 있는 장병의 심리에 영향을 주고 적 후방 깊숙이 포위할수록 적 지휘 기능을 마비시킨다.
　　　-리델 하트(B. H. Liddell Hart)-

화물을 끌고 언덕길을 올라가는 노새는 힘이 다해도 정지하지 않고 올라가려는 습성이 있다. 공격자도 정지하여 방어로 전환함으로써 균형을 찾을 수 있는데도 가끔 이 한계를 초월할 때가 있다. 이는 공격 능력 이상을 계획한 때문이다.　　　-클라우제비츠(Clausewitz)-

우회는 오직 아군이 적보다 전반적으로 우세할 때 또는 적어도 아군의 연락선이나 후퇴로가 적보다 유리할 때만 정당화될 수 있다.
　　　-클라우제비츠(Clausewitz)-

산악공격은 적의 퇴로를 실질적으로 막는 것을 목표로 삼아야 한다. 적에게 퇴로를 잃을지 모른다는 불안감을 주는 것이 산에서는 언제나 승리를 예상할 수 있는 제일 빠른 정답이다.　　　-클라우제비츠(Clausewitz)-

시간 상의 집중은 양공에 의해 기습을 보장한다. 적이 주공인지 아닌지를 확신할 수 없는 양공은 적으로 하여금 병력 중 상당 부분을 허비하게 만든다.
-F. O. 믹쉐-

누군가가 당신을 죽이려 한다면 일찍 일어나 먼저 그를 죽여라.(선제공격정신)
-탈무드-

방어

거미줄이 아무리 튼튼하더라도 계속 누르면 끊어지기 마련이다. 중요한 것은 거미줄에 걸린 먹이를 즉각적으로 구속하고 신속히 치명상을 주는 것이 거미의 존재이다. 다시 말해서 과거의 전쟁에서도 그랬지만 특히 현대전에서는 적극적인 행동이 결여된 방어란 바로 패배와 직결된다는 사실을 명심할 필요가 있다.

방어의 원칙은 지형의 이점을 살려 견고한 방어 태세를 구축하는 데 있다. 이와 아울러 방어진지 간의 상호 지원 태세를 구축해 주어야 함을 잊어서는 안된다. 오로지 방어전만 하는 것은 옳은 방어라 할 수 없다. 방어전의 원칙은 지형의 이점을 활용하는 데 있다. 증원군의 유무가 전국戰局을 좌우한다.
-울료자尉繚子-

방어의 참뜻은 적을 격퇴하자마자 신속하고 강력하게 반격을 감행하는 것이다.
-클라우제비츠(Clausewitz)-

방어는 단순한 방패와 같은 것이 아니고 공·방을 겸용하는 방패여야 한다.
-클라우제비츠(Clausewitz)-

방어가 그 어떤 전쟁보다 강력한 형태의 전쟁이다. 방어란 공격을 위한 정점을 기다리는 것이며 정점의 순간에 도달하면 공세로 전환해야 한다.

방어란 공격을 위한 수단에 지나지 않으며 공격없이 전쟁에서 승리란 없다. 왜냐하면 공세없이는 적군의 파괴와 적의 영토의 점령 그리고 적의 저항의지의 분쇄라는 군사 목적을 달성할 수 없기 때문이다.

-클라우제비츠(Clausewitz)-

선형 방어는 엄청난 취약점을 가지고 있다. 공자의 공격에 쉽게 뚫리기 마련이며 축차적인 진지로의 이동은 육체적으로나 심리적으로 너무 지쳐 신속한 공격을 구사하는 공자에게 방어의 새로운 틈을 제공하게 된다.

-두푸이(Trevor N. Dupuy)-

정치적 배려 또는 기타 배려 사항으로 인하여 방어를 취하지 않을 수 없을 때라 하더라도 총사령관은 공세적 방어를 취해야 한다. 통상방어는 감투 정신과 사기를 저하시킬 수 있다. 이러한 현상이 일어나지 않도록 필요한 각종 수단과 제반 행동을 취해야 한다. 강력한 방어선에서 그저 적의 공격을 기다린다는 것은 최악의 배치이다. -조미니(Jomini)-

방어 진지 편성은 뒤에는 높은산, 오른쪽에는 준령, 왼쪽은 험준한 벼랑, 앞은 탁 트인 낮은 지세가 좋으며 험애한 지역은 빨리 통과하고 사방이 낮고 가운데가 거북등처럼 볼록한 곳에 진을 치면 사방에서 적의 포위 공격을 받을 수 있다. -사마법司馬法-

방어 진지는 적을 조망할 수 있고 방어 지대 내에서 적에게 기습을 가할 수 있어야 하며 진지에 이르는 접근이 곤란해야 한다. 이러한 것이 미치지 못할 때는 장애물로 보충해 주어야 한다. -클라우제비츠(Clausewitz)-

내가 전우들에게 조언할 수 있는 것은 방어시 전면을 다 엄호하려고 병력을 과도하게 분산해서는 안된다는 점이다. -조미니(Jomini)-

관료주의에 젖은 출세지향적인 지휘관은 실수하지 않으려는 경향이 농후하므로 방어에서의 실패는 적의 행동 탓으로 돌릴 수 있지만 공격에서의 실패는 자기 자신이 취한 결과처럼 보이기 때문에 과감한 공격작전의 모험을 하지 않으려는 경향이 있다.　　　　　　　　　　　　-강성학-

후퇴, 추격, 전과 확대
추격의 주안은 조기에 적을 포착하여 가급적 전장 가까이에서 섬멸함에 있다.　　　　　　　　　　　　　　　　　　　　　　　-大橋武夫-

전투 중 예상되는 손실과 피로 때문에 추격 작전을 포기하는 것은 절대로 용납할 수 없다.　　　　　　　-무스타파 케말(Mustafa Kemal)-

추격없이는 어떠한 승리도 큰 효과를 가질 수 없으며 추격은 적이 전투를 포기하고 진지를 철퇴하는 순간에 시작된다.
　　　　　　　　　　　　　　　　　-클라우제비츠(Clausewitz)-

적을 끝까지 추격하지 않으면 적에게 말려들거나 함정에 빠질 염려는 없다. 적이 패주하면서 멈추면 복병이 있기 쉬우므로 경솔하게 추격해서는 안된다.　　　　　　　　　　　　　　　　　　　-사마법司馬法-

후퇴는 항상 격렬한 전투에서보다 더 많은 물자와 인명의 피해를 입힌다. 전투에 있어서 아군의 손실은 적과 비슷한 손실을 가져오게 하지만 후퇴에 있어서의 손실은 아측만 입게 된다.　　　-나폴레옹(Napoleon)-

추격은 후퇴하는 부대 대열의 측방으로 추격 방향을 설정하는 것이 좋으며 너무 멀리 우회하지 말고 가능한 한 과감하고 공세적으로 감행해야 하며 후퇴하는 적에게 퇴로를 허용해서는 안된다.　　　-조미니(Jomini)-

작은 부대라도 부대의 퇴로를 생각하지 않은 채 적에게 달려들어서는 안
되며 대부분 적의 퇴로를 찾아 공격해야 한다.

-클라우제비츠(Clausewitz)-

후퇴에는 위험한 상황에서 무조건 재빠르게 빠져나와야 하는 경우와 전
투에서 패배하여 후퇴하는 경우가 있다. 전투에서 패배하여 후퇴할 경우
에는 소규모 부대로 하여금 적의 추격 부대와 전투를 벌이게 하면서 후
퇴를 해야 한다. 이 경우 재빠르게 이동하면 낙오자 때문에 생기는 희생
이 후위부대의 전투 때문에 생기는 희생보다 더 커진다. 그렇게 되면 용
기도 사라진다.

-클라우제비츠(Clausewitz)-

목표에 가까이 갔을 때 추격로와 퇴각로를 반드시 미리 알아두어야 한다.

-사마법司馬法-

군수지원

앞으로의 전쟁에서 전승을 좌우하는 것은 보급이 될 것이다.

-처칠(Winston S. Churchill)-

병참은 모든 전선에 영향을 주고 대부분의 결전의 성패를 좌우한다.

-아이젠하워(Dwight D. Eisenhower)-

군수지원이 불가능한 전역계획은 계획 자체가 성립되지 않으며 다만 환
상적인 바람일 뿐이다.

작전적 차원의 군수 업무는 자원의 소모와 시기적절한 소요 예상 판단
과 제한된 자원을 관리하고 통제해야 하며 전술 부대에 필요한 만큼의
자원을 보급해 주는 일이다. 이를 위해 보급로, 시설, 이동수단 등을 강구

해야 한다.

고급 지휘관들에게 가장 중요한 것은 자신의 군수부대의 역량을 정확히 파악하고 자신의 판단에 의해 지원기관에 이를 요청하는 동시에 그 역량을 최대로 발휘하도록 하는 것이다.　　　　　　　　　－롬멜(Erwin Rommel)－

최소한의 보급품만 갖고도 작전이 가능한 부대는 적 공격에 덜 취약하다.

군수지원은 최대한 적의 자원을 탈취하여 사용하되 적국 양민들의 원성을 사게 해서는 안된다.　　　　　　　　　　－손자병법 제2편 작전作戰－

민사작전
진군을 할 때는 파괴 행위를 함부로 하지 말아야 하며 곡식을 약탈하고 가축을 도살하며 재물을 불살라 버리는 일은 삼가 해야 한다. 주민들에게 적의가 없음을 보여주고 투항하기를 원하는 자가 있으면 너그럽게 용서해주고 민심을 안정시켜야 한다.　　　　　　　　　　　　　－오자吳子－

지휘관은 부대의 지휘 통솔뿐만 아니라 점령지의 군정 장관의 역할을 수행해야 한다. 이러한 지휘관은 공명정대한 자세로 공평 무사하게 일을 처리하고 죄를 지은 자라도 정상을 참작하여 용서해 줄 수도 있어야 하며 무고한 사람이 고문에 못 이겨 자백하는 폐단이 없도록 해야 한다. 죄를 지나치게 다루면 나라가 쇠퇴한다. 형벌은 선도가 앞서야 한다.

　　　　　　　　　　　　　　　　　　　　　　　　－울료자尉繚子－

지상, 해상, 공중, 연합작전
지상군은 국가와 국민에게 필수 요소인 영토를 통제하는 능력을 가지고 있기 때문에 군사력 중 결정적 요소가 된다. 궁극적으로 영토의 통제는 국가와 국민의 운명을 결정한다.   *-미 야전교범 100-1-*

육군의 작전은 융통성, 통합, 치명성, 적응성, 종심, 동시통합성을 통합 지
상작전 교리로 삼는다.   *-미통합지상작전(FM3-0)-*

통합지상작전은 분쟁을 예방하거나 저지하고, 전장을 지배하고 분쟁을
원하는 방향으로 해결하기 위한 상황을 조성하기 위해서 공격, 방어, 안
정화 작전이 동시에 이루어져야 한다.   *-미통합지상작전(FM3-0)-*

통합지상작전은 지휘관의 의도와 최종 요망상태를 달성하기 위한 주도
권, 결정적 작전, 임무형 지휘를 토대로 구축된다.
-미통합지상작전(FM3-0)-

바다를 지배하는 자는 자유롭다. 따라서 스스로 원하는 만큼의 전쟁을 할
수 있다.   *-프란시스 베이컨(Francis Bacon)-*

평화시의 해군의 역할은 외교 역량, 경찰 역량, 군사적 역량이다.
-부스(Booth)-

연합작전은 자국의 국가 이익과 목표에 부합되는 과업요구와 서로 다른
군사 역량과 교리의 차이, 언어소통문제, 문화와 관습의 차이 등을 고려
하여 상호 이해와 존중, 신뢰와 자신감, 동료애와 인내심을 바탕으로 동
맹국과의 조화를 이루도록 노력해야 하며 가능한한 각국 군의 정략적 목
적과 이해 관계에 맞는 임무를 부여하되 작전의 목적달성에는 유감이 없
도록 해야 한다.   *-독일 지상군 기본교리, 大橋武夫-*

명심하라! 양심적이니 도덕적이니 하는 전쟁은 없다. 오직 승자만이 정의
다. 어떻게 하던 이겨야 한다.

이 지구상에 존재하는 모든 생명체는 싸움, 투쟁, 전쟁이라는 생존경쟁에
서 승리자가 되었을 때만이 존재하게 된다.　　　　　　　　-조영갑-

전쟁을 시작하고 수행하는 데 있어 문제가 되는 것은 정의가 아니라 승
리이다. 주저하지 말고 야수와 같은 기상을 펴라. -히틀러(Adolf Hitler)-

국민의 생명이나 국가의 존망을 위해서 자의든 타의든 전쟁이 시작되면
반드시 승리해야 한다. 패자에게는 자유와 인권도 없으며 오직 승자에게
만 주어지기 때문이다.

승리의 의지없이 전쟁에 뛰어드는 것은 죽음을 자초하는 짓이다. 전쟁에
서 승리를 대신할 것은 아무것도 없다.　　 -맥아더(Douglas MacArthur)-

군인은 단순히 싸우기 위해 전장에 나서는 것이 아니라 승리하기 위해
전쟁에 임해야 한다.　　　　　　　　　 -뒤 피크(Ardant du Picq)-

승리란 적의 물리적, 정신적 투쟁력을 파괴하는데 있다.
　　　　　　　　　　　　　　　 -클라우제비츠(Clausewitz)-

일단 전쟁이 우리에게 다가오면 가용한 모든 수단을 동원하여 조기에 전쟁을 매듭짓는 방법 이외에는 어떠한 다른 대안이 없다. 전쟁의 목적은 장기간의 우유부단함의 결정이 아니라 바로 승리이다.

-맥아더(Douglas MacArthur)-

우리의 목표는 무엇인가? 나는 한마디로 답할 수 있다. 그것은 바로 승리다. 그 어떤 대가를 지불하더라도 어떤 폭력을 무릅쓰고라도 승리, 거기에 이르는 길이 아무리 길고 험해도 승리, 승리 없이는 생존도 없기 때문에 오직 승리 뿐이다.

-처칠(Winston S. Churchill)-

전쟁에서 패배하는 것은 군이 절대 용인할 수 없는 명예훼손으로 여겨야 한다.

-무스타파 케말(Mustafa Kemal)-

승리를 결정하는 것은 병력 수도 아니고 요술적인 기계도 아니다. 승리는 용기와 자질, 우월한 신체와 정신 및 인내력, 공격적인 힘을 가진 자에게 돌아간다.

-메싱(Messing)-

전쟁에서 승리 할 수 있는 5가지 조건

1. 싸울 수 있는 경우와 싸울 수 없는 경우를 아는 자는 승리한다.
2. 절약과 집중의 원칙을 잘 아는 자는 승리한다.
3. 상하 일심동체면 승리한다.
4. 만반의 준비를 갖추고 허술한 적과 교전하면 승리한다.
5. 군의 지휘관이 유능하고 군주가 간섭하지 않으면 승리한다.

-손자병법 제3편 모공謀攻-

전쟁에는 권모술수, 전투에는 용기, 전략가의 작전계획이 우수해야 승리 할 수 있다.

-사마법司馬法-

누가 더 빨리 새로운 무기 체계를 받아들여 전술과 교리를 발전시켜 전장에 사용하느냐에 따라 승패가 결정된다.   −두푸이(Trevor N. Dupuy)−

필승의 두 가지 요체는 거국 일치의 단결과 정의의 전쟁이라는 믿음을 갖게 하는 것이다.   −오자吳子−

소규모 전투에서 성공을 이끌어 내는 것이 전쟁을 승리로 이끄는 열쇠이다.
                                          −구데리안(H. Guderian)−

나는 많은 전쟁을 목격했고 전쟁을 진심으로 증오한다. 그렇지만 전쟁보다 더 나쁜 것은 패배이다. 전쟁을 증오하면 증오할수록 전쟁에 휩쓸리게 되며 이유야 어쨌든 반드시 승리해야 한다는 것을 더욱 뼈저리게 느끼게 될 것이다.   −헤밍웨이(Ernest Hemingway)−

독일의 승리는 나와 군인들의 공이 아니다. 아이들을 훌륭하게 길러준 초등학교 교사들의 공이다.   −몰트케(Moltke)−

전쟁 승패에 직접 영향을 주는 주요 요소 중 무기·장비의 우월성, 완벽한 무기·장비의 가동, 무기·장비 운용에 대한 숙련도가 중요하다.
                                          −제갈량諸葛亮−

작은 승리를 조금씩 쌓아 올려 상대의 전투력을 마멸하고 우리의 세력을 증대시키면 최후에 가서 큰 승리를 얻을 수 있다.
                                          −보 구엔 지압(Vo Nguyen Giap)−

대담한 용기와 전쟁 기술과 훈련만이 전쟁에서의 승리를 보증한다. 로마인이 세계를 정복한 것은 다름 아닌 부단한 군사훈련과 진중에서의 엄격

한 법규의 준수, 그리고 지칠줄 모르는 또 다른 전쟁기술의 개발에 기인
한 것임을 알 수 있다.　　　　　　　　　　　　　 *-베게티우스(Vegetius)-*

통상 전투에서 승자는 질과 양적인 면에서 절대적으로 우세했고 패자는
전적으로 무능했기 때문이다.　　　　　　　　　 *-롬멜(Erwin Rommel)-*

많은 적과 싸우더라도 최초의 일격을 견뎌내면 승리할 수 있다.
　　　　　　　　　　　　　　　　　　 -마키아벨리(Machiavelli)-

승리는 대개 모든 물리력과 정신력의 우세함에서 나온다.
　　　　　　　　　　　　　　　　　　 -클라우제비츠(Clausewitz)-

전투에서 '승리의 정점'에 도달하게 되는 때가 찾아 온다. 군의 잠재력이
최대한 발휘되어 도달하게 되는 승리의 순간에 여기서 더 욕심을 부리게
되면 지치게 되고 그리하여 패배로 이어지게 된다.
　　　　　　　　　　　　　　　　　　 -클라우제비츠(Clausewitz)-

가장 완전하고 행복한 승리는 자기 자신은 아무런 손해도 입지 않으면서
적으로 하여금 그의 목적을 포기토록 하는 것이다.
　　　　　　　　　　　　　　　　　　 -벨리사리우스(Belisarius)-

세계전사에서 대참사를 초래한 주요 요인
1. 전투 지휘능력이 없는 지휘관
2. 잘못된 계획
3. 정치인의 군사작전 간섭
4. 지휘관의 자만심과 신뢰상실
5. 부대임무 수행능력 부족(사기, 전투경험과 훈련부족)

※사상자보다 포로가 많은 군은 사기, 훈련 및 전투경험이 부족하다는 증거이다.

－사울 데이비드(Saul David)－

전쟁패배의 교훈

1. 지휘관의 아집과 무책임
2. 원칙에 대한 무관심과 지식부족
3. 승리에 대한 강박관념
4. 콤플렉스와 자신감 부재
5. 열정과 책임감 상실
6. 소통부재
7. 실패에 대한 감정적 대응
8. 기술 발전에 대한 무지
9. 사적 감정에 대한 집착
10. 정보에 대한 긴장감 결여
11. 시대의 흐름에 무관심

제2차세계대전에서 프랑스의 군사적인 패배요인은 프랑스 군부의 방어제일주의 사상, 정보·명령체계의 미비, 지나치게 많은 제대와 계급, 상층부의 고령화와 관료주의, 과도한 행정 위주의 업무 수행, 지나친 부서 및 지휘관들의 경쟁심 심화였다. 그 당시 중위 때는 벗, 대위 때는 동기, 소령 때는 동료, 대령 때는 경쟁자, 장군이 되면 적이라는 격언이 군대 내에 만연했다.

엄격한 교육훈련을 기피하고 말썽을 일으킬 사고 등을 두려워 하며 책임을 회피하거나 희석시키는 행위가 만연되어 행정화 군대로 전락한 상황에서 독일의 공격을 받고 대응할 정신과 의지를 상실한 채 어떻게 할지를 몰라 우왕좌왕하다가 대응시기를 놓치고 패배했다.

－마르크 불로그(Marc Bloch) "1940년의 증언"－

전투에서 이기는 것은 큰 군대가 아니라 훌륭한 군대이다.

-삭스(Maurice de Saxe)-

세상의 싸움터에서…
인생의 야영지에서…
말 못하고 쫓기는 마소가 되지 말고 투쟁하여 승리하는 영웅이 되라.

-워즈워스 롱펠로우(Henry Wadsworth Longfellow)-

IV
정치와 군

정치와
군

전쟁은 국면에 따라 카멜레온보다도 더 변화 무쌍하다. 전쟁을 규정하는 지배적 요소는 경이롭게도 삼위일체를 이루고 있다.

첫째 : 맹목적인 자연충돌이라고 볼 수 있는 원초적 폭력, 증오, 적개심

둘째 : 창조적 정신이 자유롭게 구사될 수 있는 우연성(Chance)과 개연성(Probability)의 작용

셋째 : 전쟁을 유일한 합리적(이성적)인 것으로 이끌어주는 정책의 도구로서의 성격을 띠는 정치에 대한 종속성이다.

이러한 3가지 성향 가운데 첫째 측면은 국민이며 둘째 측면은 지휘관과 그 부대이고 세번째 측면은 정부와 관련되어 있다. 전쟁에서 불타오르게 되어있는 격정은 이미 국민들 마음속에 내재되어 있어야 한다. 확실성과 우연성의 영역에서 용기와 지성(재능)의 발휘는 지휘관과 그 부대의 특성에 달려있다. 그러나 정치적 목적은 오로지 정부만의 독자적 몫이다.

이러한 3가지 요소들은 서로가 다른 법조항처럼 보이지만 실상은 서로 다양한 관계를 맺고 있으며 마치 인력처럼 균형을 유지해야 한다.

−클라우제비츠(Clausewitz)−

정치인들과 군부는 전쟁 목표와 정책 뿐만 아니라 전쟁수단과 지원 등에 관하여 끊임없이 대화와 접촉을 해야 한다.

정치와 전략은 본질적으로 그리고 근본적으로 서로 분리되어 있다. 전략은 정치와는 전혀 별개의 문제이다. 군인들이 원하는 모든 요구사항에

대하여 일단 정치권에서 판단이 내려지면 그 후에 전략과 지휘는 정치와는 완전히 분리된 사항으로 간주되어야 한다는 것이다. 정치와 전략, 보급, 작전은 반드시 구별되어야 한다. 일단 양자를 구분하는 분명한 선이 그어진 후에는 모든 주체 세력들은 월권행위를 삼가해야 한다.

－헌팅턴(Samuel P. Huntington)－

정치가와 군사지도자가 해야 할 가장 광범위한 판단은 그들이 하고자 하는 전쟁의 성격을 결정하는 것이며 그 전쟁의 본질로부터 다른 그 어떤 것으로 전환하거나 실수를 해서는 안된다. *－클라우제비츠(Clausewitz)－*

군인은 그의 시대에 일어나는 정치적인 문제에 대해서 많은 관심을 가져야 하며 또한 깊은 식견을 지녀야 한다. 그러나 군인은 그 어떠한 경우에도 특정 정당의 정책 방향의 도구가 되어서는 안된다.

－만쉬타인(Erich von Manstein)－

군사와 정치는 불가분의 관계에 있으며 정치를 떠난 군사란 있을 수 없다.

－울료자尉繚子－

정치적 목적에 의해 군사적 목표가 결정되어야 한다. 정치적 목적 자체가 군사적 목표가 될 수도 있다. 정치적 목적이 적절한 군사적 목표를 제공되지 않을 경우에는 정치적 목적에 부합하는 군사적 목표를 반드시 채택해야 한다. *－클라우제비츠(Clausewitz)－*

국가의 존립과 강대성은 군사력이 정치 질서 내에서 적절한 위치를 점하게 될 경우에 있어서만 보장된다. *－마키아벨리(Machiavelli)－*

전쟁의 정치적 목적이 전쟁 그 자체의 성격을 결정짓는데 큰 역할을 한다.

-조미니(Jomini)-

군은 전쟁 목표를 달성하기 위해서 완전한 승리외에는 어떤 다른 생각을 해서도 안되고 전투를 하는데 정치가들의 간섭에 의해 손발이 묶이면 패배에 이르는 지름길이다. 전쟁이 종결되면 전쟁을 간섭하고 제한했던 정치가들은 책임을 지지 않고 회피해 버리고 피흘린 군인들만 그 책임을 떠맡게 된다.

정치는 피를 흘리지 않는 전쟁이고 전쟁은 피를 흘리는 정치이다.

-모택동毛澤東-

주자학적 정치의 가장 본질적인 취약점은 폭력을 무조건 부정하고 도덕만으로 인간에 대한 통치가 가능하다는 환상을 가지고 정치와 관련된 일체의 폭력을 싫어하다보니 그런 폭력을 다루는 전문가인 군인들을 천시하게 되었다. 국방임무까지도 비판과 기피의 대상이 되었다. 이러한 현상을 상무정신을 가진 문화권에서는 "주자학적 정치문화는 경멸스럽고 맥빠지며 정체적이고 퇴보적이며 병적인 현상이다"라고 단정했다.

-함병춘-

군주가 군을 위태롭게 하는 것은 군대가 진격해서는 안되는 것을 알지 못하고 진격하라고 명령하며 군대가 물러설 수 없음을 알지도 못하고 후퇴하라고 명령하는 것이다. 군의 내부 사정을 잘 알지도 못하면서 군정에 간섭하고 지휘체제를 무시하며 군령에 간섭하여 군내부에 불신감을 조성하는 일이다. 군대가 군령을 받아 출정하면 전쟁이 끝날 때까지 군주도 간섭해서는 안된다.

-손자병법 제3편 모공謀攻-

무관이 정치에 개입하면 군의 무덕武德이 퇴폐하고 문관이 군에 개입하면 군의 무덕이 약화된다. 따라서 문관은 군을 간섭하지 않고 무관은 국정에 간섭하지 않고 서로 조화를 이루는 가운데 국가를 좌우에서 보필해야 한다.

-사마법司馬法-

정치지도자는 전쟁수행을 궁극적으로 통제하고 지도해야 한다. 이것은 정치지도자가 작전을 계획하고 수행하는데 간섭한다는 말이 아니다. 정치지도자는 불가능한 것을 요구하지 않도록 유의해야 하고 전반적인 정책을 개발함에 있어서 고위 군 지휘관들과 협력해야 한다. 그러나 군대는 군대 자체를 위해서 존재하는 것이 아니다. 군대는 정치적 목적을 위해 사용되기 위한 도구이다. 따라서 군사력의 사용은 결코 정치적 목적을 대신하거나 정치적 목적을 배제해서는 안된다.

-클라우제비츠(Clausewitz)-

정치지도자들이 직업적인 군사지도자들과 건전한 협조의 토대를 수립하는데 성공한다면 그들의 힘은 크게 신장될 것이고 실패하면 치열한 알력과 능률의 상실과 나아가서는 재난까지 야기될 것이다.

-어얼(E. M. Earle)-

전쟁발발시 정치 보좌관은 동원할 때부터 침묵을 지키고 군사지도자가 적을 완전히 패배시킨 후 군주에게 그의 임무를 완수하였다고 보고한 다음에야 다시 주도적 역할을 취해야 한다.(군주의 정치 보좌관들의 전쟁 개입에 반대입장 표명)

-몰트케(Moltke)-

지역사령관은 단순히 부대를 지휘하는데만 제한되지 않고 전 지역을 정치적, 경제적, 군사적으로 지휘하는 것이다. 정치가 실패하고 군대가 인수하면 여러분들은 군대를 신뢰해야 한다. 사람들이 전투 상황에 들어가면 정치라는 이름으로 군인들의 행동을 방해하고 승리의 기회를 감소시키

고 손실을 증가시키는 그러한 인위적 장애는 없어야 한다고 나는 확실히
말하는 바이다.　　　　　　　　　　　－맥아더(Douglas MacArthur)－

전쟁은 눈앞에서 적과 싸우는 힘이 30%이고 후방의 위정자와 싸우는 힘
이 70%가 필요하다.　　　　　　　　　　　－그란트(Ulysses S. Grant)－

외부의 적을 무찌르려면 내부의 적을 먼저 제압해야 한다.
　　　　　　　　　　　　　　　　　　－맥아더(Douglas MacArthur)－

한 국가가 정치적 목적을 달성하기 위해 무력에 호소하기로 결정했거나
스스로 공격을 받고 있을 때 전쟁에 대한 최종 책임은 정치 권력자에게
있다. 그러나 정부가 동요하거나 용기도 없고 분명한 관점도 없으며 앞으
로의 작전상 무엇이 중요하고 무엇이 중요하지 않은지에 대한 명료한 개
념도 없다면 군장성들이 그런 정부에 승리를 안겨주기란 어려우며 사실
상 불가능하다. 정치적 목적과 전략은 오해가 없도록 반드시 단순하고 명
료한 말로 표현되어야 한다.　　　　　　－몽고메리(B. L. Montgomery)－

클레망소는 "전쟁은 너무 중요해서 장군들에게만 맡겨 놓을 수 없다"고 말
했는데 50년 전 당시에는 그가 한 말이 아마 옳았을 지도 모르지만 현대의
전쟁은 너무나 중요해서 정치인이나 관료에게만 맡겨 놓을 수 없다. 그들
은 전략적 사고와 군사적 식견도 부족하고 훈련도 되어있지 않다.

중요한 고위직에 있는 몇몇 사람들은 현실을 이성적으로 똑바로 보고 현
재의 상황에서 해결책을 이끌어 낼 수 있는 용기가 부족하다. 그들은 아
편에 취한 듯 전쟁 놀음에 빠져 미봉책만 즐겨쓰며 실패할 경우 대부분
군대나 그 사령관을 희생양으로 만든다.　　　　－롬멜(Erwin Rommel)－

힘의 소모나 전쟁비용이 너무 크고 승리할 수 있는 전망이 서지 않을 때
는 정치적 목적은 포기하고 평화협상에 들어가야 한다.

－클라우제비츠(Clausewitz)－

정치지도자에게도 전쟁에 대한 어느 정도의 통찰이 필요하다.

－클라우제비츠(Clausewitz)－

최고지휘관 이외의 다른 군인이 정부에 영향을 미치는 것은 극히 위험하
다. 그것이 건전하고 훌륭한 행동으로 이어지는 경우가 드물다.

－클라우제비츠(Clausewitz)－

제2차세계대전시 프랑스 군의 패배에 미친 정치적인 영향

1. 좌익과 우익정권의 격렬한 정치적 알력이 군에 까지 영향을 미쳐 전쟁
   에 대비해야 할 군의 개혁에 발목을 잡았다.
2. 정치적 알력으로 드레퓌스(Drefus : 프랑스군 포병대위)를 간첩혐의로
   몰아 이를 계기로 군의 강직한 인물을 대거 숙청하였다.
3. 군사 문제에 대한 장기간의 정치적 대립으로 국방원칙이 정치적 이데
   올로기에 종속되어 군사적 불안을 야기시켰다.
4. 국제연맹이 각종 조약과 전쟁의 불법성을 선포함에 따라 국민들이 국
   제적 화합에 열을 올리고 있었던 분위기 하에서 국방예산 확보가 어려
   웠다.
5. 전쟁은 장군들에게 일임하기에는 너무나도 중대하다는 클레망소의 발
   언으로 좌익과 언론들이 군과 군인을 비하하고 냉대하였다.

V

전쟁과 언론

전쟁과 언론

국가 총력전으로 수행되는 전쟁을 승리로 이끌기 위해서는 국민의 지지와 단합이 중요하다. 언론이 전쟁의 흐름과 국민 여론 형성에 지대한 영향을 미치므로 '언론의 전략 무기화' 방안에 관심을 가져야 한다. 전쟁을 지원하기 위해 효과적이고 적절한 언론 통제가 없으면 민주주의 국가는 전쟁에서 승리하기가 힘들다. 언론은 전쟁의 부정적인 면과 흥미거리, 비밀사항, 민족 등 이념적인 색깔이 불분명한 기사로 자칫 반전정서를 확산시키고 국민정신을 불안감으로 몰고 갈 확률이 많다.

국민은 언론의 영향으로 끈기있게 전쟁의 결과를 기다리지 못하고 자기 자식들이 죽고 부상당하는 것을 보면 전쟁의 조기 종결을 요구하게 되고 결국 정책 결정자들의 오판을 야기시켜 군사작전에 엄청난 영향을 초래하게 된다. 언론이 적과 생명을 걸고 싸우는 군사작전의 특성을 전혀 고려하지 않고 마치 운동경기 생중계 하듯 작전 현장을 적나라하게 보도하도록 해서는 안된다.

─윤용남─

나는 언론의 자유를 믿는다. 나는 또한 언론이 책임도 동시에 져야 한다고 믿는다. 나는 부하들의 목숨을 보호해야 할 책임이 있다. 이러한 여러 가지 신념 중에서 나는 전투에 나가 자신의 희생을 무릅쓰고 싸우고 있는 병사의 안전문제를 가장 최우선적으로 고려할 것이다. 이것에 대해 나는 단호하며 타협하지 않을 것이다. 비밀 유지로 아군의 목숨을 지킬 수만 있다면 나는 그렇게 할 것이다. 이러한 경우에 병사의 생존권은 미국 헌법 제1조의 권리보다 중요하다.

-밴 플리트(James Alward Vanfleet)-

확인되지 않은 사방의 적에게 자신의 동료들이 죽고 부상을 당할 때 인간성의 발로보다 동물적 성향의 발로로 무자비한 보복을 하기 쉬운데 이것이 언론을 통해 보도되었을 경우 신성한 전쟁의 명분을 잃게 되고 정치적, 심리적으로 적이 이용할 수 있는 빌미를 제공해 주게 된다.

공산주의 국가(월맹)는 통제된 한가지 발언만 할 수 있었던데 반해 민주주의 국가(미국, 월남)는 여러 가지 발언을 하고 그것도 서로 맞지가 않아 중구난방이었다. 무절제와 무책임한 언론행위는 정부와 군에 대한 국민들의 신뢰성을 파괴시킬 뿐만 아니라 적의 심리전에 편승되어 적을 이롭게 하였다. 대다수 특파원들이 젊고 전사와 전쟁에 대한 소양이 없는 상태에서 오류, 잘못된 해석, 지엽적 비판 및 허위 등이 문제였다.

-웨스트모어랜드(William C. Westmorland)-

TV는 전쟁의 잔혹함을 안락한 거실로 불러들였다. 미국은 월남의 전선에서 진 것이 아니라 미국인들의 거실에서 진 것이다.

-맥루한(Marshall Mcluhan)-